스템에 대해 기술했다. 이들 계통의 여러 특성이 해령에서 솟아 나와 해구로 가라앉고 있는 맨틀대류로 명쾌하게 설명 가능하다는 것이 제1장의 주제다. 다음 제2장에서는 이 맨틀대류와 《대륙은 움직인다》에서 서술한 대륙이동과의 관계를 논했다. 맨틀대류에 실려 대륙이 이동한다는 것이 이 장의 결론이다.

제3장에서는 문제를 바꿔 실험실 내에서의 대류 실험 및 대류의 이론적 연구에 대해 논했다. 모두 맨틀대류의 실재 가능성을 증명해 준다. 제4장에서는 지구와 같은 고체가 흐른다는 역설적인 사실이 결코 이상한 일이 아니라는 것을 논했다. 고체가 흐른다는 예는 여러 가지 있다. 실험실 내의 모형실험도 이것을 입증하고 있다.

제5장에서는 맨틀대류의 존재를 거의 의심할 여지없이 입증해 주는, 지구과학에서의 삼위일체라고 불리는 새 발견에 대해 논했다. 그것은 화성암 및 해저퇴적물의 잔류자기와 해양지역에서 관측되는 지자기이상과의 얽힘이다. 이 삼위일체의 연구를 바탕으로 맨틀대류설이 해저이동설, 해저확장설 또는 해저갱신설이라고 불리는 새 옷을 입고 등장한다.

제6장에서는 우리의 바다, 태평양을 무대로 맨틀대류가 엮는 여러 가지 드라마에 대해 논했다. 마지막 제7장에서는 더욱 넓게 전 지구를 무대로 하여 엮이는 맨틀대류의 드라마에 대해 논했다. 맨틀대류설, 대륙이동설 및 해저갱신설을 주제로 지구과학의 발전과 진보를 소개하려는 것이 이 책의 목적이다.

이 책을 내기 위해 신세 진 분이 많다. 그 수가 너무 많아 여기서 이름을

다 들지 못할 정도다. 그들에 깊이 감사하며 그분들의 힘으로 나온 이 책이 훌륭히 그 구실을 다하기를 바라는 바이다.

다케우치 히토시

# 7장 살아 있는 지구

# 1장

# 중앙 해령과 해구

# 1장

# 중앙 해령과 해구

## 바닷속에도 산이 있다

대서양의 중앙부에는 거의 남북방향으로 뻗는 큰 해저산맥이 있어서 이를 대서양 중앙 해령(Mid-Atlantic Ridge)이라고 부른다. 대서양 중앙 해령을 이루는 부분은 대서양의 너비(약 6,000㎞)의 거의 1/3을 차지한다. 즉 중앙 해령의 너비는 약 2,000㎞에 달한다. 중앙 해령은 그 양측에 있는 깊이 5,000m 정도의 해저에서 3,000m의 높이로 치솟아 있다.

대서양 중앙 해령의 존재가 처음으로 밝혀진 것은 1873년이었다. 그 무렵 영국의 탐험선 '챌린저'(Challenger) 호는 3년 반에 걸친 획기적인 해양탐사를 실시했다. '챌린저' 호는 항로의 160㎞마다 삼밧줄 끝에 90㎏의 추를 매달아 해저에 내려 바다의 깊이를 힘겹게 측정했다. 이 해양탐사로 대서양 중앙부의 거의 1/3이 그 양측에 있는 각각 1/3에 비해 바다의 깊이가 반도 못 된다는 것이 밝혀졌다. 그러나 이러한 띄엄띄엄한 관측으로는 대서양 중앙부 해저의 높은 부분이 산맥인지 아니면 어떤 모양을 하고 있는지 알 수 없었다.

제1차 세계대전 중에 프랑스의 랑주뱅(Paul Langevin, 1872~1946)은 초음파를 이용하여 바다의 깊이를 측정하는 방법을 개발했다. 그것은 항해 중인 배가 초음파를 발사하여 이것이 해저에서 반사하여 되돌아올 때까지의 시간을 재서 바다의 깊이를 측정하는 것이었다. 이 방법을 쓰면 거의 연속적으로 수심을 측정할 수 있다. 이 음향측심법(echo-sounding)을 이용하여 1925~1927년에 독일의 해양관측선 '메테오'(Meteor)가 처음으로 대서양 중앙 해령이 기복이 심한 산맥이라는 것을 밝혔다. '메테오' 호의 측정으로 남대서양에서의 수온과 염분이 중앙 해령의 동쪽과 서쪽 부분에서 뚜렷하게 다르게 분포되어 있는 것도 알아냈다. 이것은 대서양 중앙 해령이 바닷물의 성질에서도 어떤 장해물이 되고 있다는 것을 말해 주고 있다.

1900년 전후 알렉산더 아가시(Alexander Agassiz, 1835~1910)는 '알바트로스'(Albatross) 호로 탐험하여 멕시코의 동남쪽에 있는 동부태평양의 해저에도 마찬가지로 높이 솟은 지형이 있음을 발견했다. 1929년에는 해양관측선 '카네기'(Carnegie)호가 그 지역에 대한 탐사를 실시하여 알바트로스 대지(Albatross Cordillera)가 산맥임을 밝혀냈다. 그 후 1920년대 말 덴마크의 해양관측선 '데나'(Dena) 호가 북인도양에서 해양탐사를 실시하여 나중에 칼스버그령(Carlsberg Ridge)이라고 부르게 된 영(ridge)을 발견했다.

이러한 해양탐사로 발견한 대서양 중앙 해령, 알바트로스 대지 및 칼스버그령은 구조가 서로 유사하다는 것을 알게 되었다. 그러나 이들이 지구를 둘러싼 하나로 연속된 구조의 일부라는 것은 아무도 몰랐다.

## 열곡과 지진을 쫓아

1953년 라몬트(Lamont) 지질연구소의 마리 샤프(Marie Sharp)는 음향측심 탐사결과를 바탕으로 대서양해저의 단면도를 작성했다. 그녀는 그 연구소의 브루스 히젠(Bruce C. Heezen) 밑에서 이 일을 하고 있었다. 곧 몇 개의 해저단면도가 완성되었으며 모든 단면에서 해령의 정상 한 가운데에 깊은 협곡(rift)이 있다는 놀라운 사실이 발견되었다. 이것은 어떤 착오에 의한 것이 아닌가 하고 샤프는 생각했다. 그러나 히젠과 함께 여러 번 검토를 되풀이해 보아도 같은 결과가 나왔다. 이렇게 해저지질학뿐만 아니라 지구과학을 뒤흔든 큰 발견의 실마리가 잡힌 것이다.

협곡의 너비는 10~50km에 이르고 깊이는 평균 2km였다(그림 1). 그리고 대서양 중앙 해령의 한복판에 자리 잡은 이 협곡은 계속 길게 뻗쳐 있었다.

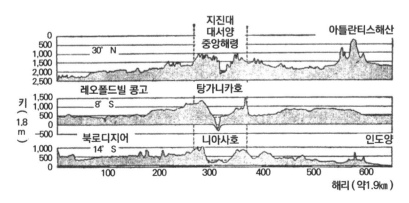

그림 1 | 중앙 해령과 지구(地溝)의 협곡

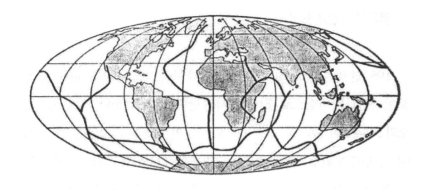

그림 2 | 중앙 해령

　얼마 후 또 다른 사실이 발견되어 지구를 둘러싼 중앙 해령의 존재가 확실해졌다. 그것은 협곡 부분에서 집중적으로 천발지진이 일어난다는 것이다. 지진관측을 위해 지진계가 만들어진 것은 19세기 말이었다. 그 후 유럽과 아메리카 대륙에 지질관측망이 정비됨에 따라 대서양의 중앙부에 와서 지진이 자주 일어난다는 것을 알게 되었다. 최근에는 지진의 관측망은 더욱 정비되었다. 이렇게 정비된 관측망을 이용하여 대서양 중앙부에서 일어난 진원의 위치를 알아보면 그들이 앞에서 말한 협곡 내에 한정되어 있음을 알게 되었다. 이 진원의 깊이는 30km 정도로써 70km를 넘는 것은 얼마 되지 않았다. 이로써 협곡과 천발지진의 발생을 결부해 보면 이번에는 천발지진의 발생을 근거로 하여 협곡과 그것을 포함하는 중앙 해령의 행방을 찾을 수 있다. 천발지진이 이 근방에서 일어나므로 이쯤에 협곡이 있을 것이며 따라서 이 근방에 중앙 해령이 있을 것이라고 짐작한다. 그러고 나서 그곳으로 가서 협곡과 해령이 존재하는가를 실제로 확인하면 된다. 이러한 예상과 확인이 들어맞지 않은 일은 거의 없었다. 이렇게 1950년대 중기에 지구를 둘러싼 6만 ㎞에 달하는 중앙 해령의 존재가 밝혀지게 된 것이다(그림 2).

이를 밝혀낸 것은 히젠과 그가 속한 라몬트 지질연구소 소장 모리스 유잉(Maurice Ewing) 교수였다. 다음에 그들이 주장하는 데 따라 지구를 둘러싼 중앙 해령의 행방을 알아보자.

## 6만 ㎞에 달하는 중앙 해령

대서양 중앙 해령은 아이슬란드섬을 꿰뚫고 있다. 아이슬란드에는 중앙지구라고 불리는 유명한 열목(rift)이 있다(그림 3). 이 중앙지구는 대서양 중앙 해령의 협곡이 육지에 연장된 부분이다. 아이슬란드에서의 제4기(Quaternary)의 화산활동 및 지진의 대부분은 이 중앙지구에 집중된다. 이 중앙지구 바닥에는 아이슬란드말로 기어(gia)라고 불리는 수직인 열목이 발달되어 있다. 이 열목은 지구(地溝)를 이룬 단층과 나란하다. 중앙지구에는 그 주향(走向)에 직각인 방향의 장력이 작용하는 것으로 믿고 있으며 중앙지구의 너비가 1000년간 1㎞당 3.5m의 비율로 넓어졌다는 것이 알려졌다.

아이슬란드의 북쪽 북극해(Arctic Ocean)에 있는 중앙 해령의 연장은 노

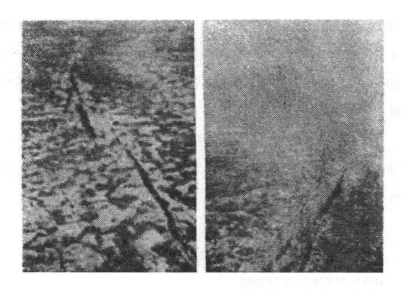

**그림 3 | 아이슬란드를 뚫고 지나가는 열목(裂目)**

르웨이의 앞바다 스발바르 제도의 북을 지나 거기에서 동으로 휘어져 로모노소프(Lomonosov)해령과 나란하다. 그리고 레나(Rena)강의 삼각주 가까이에서 시베리아의 대륙봉과 부딪친다. 천발지진의 진원을 따라 중앙 해령을 육지로 연장하면 베르호얀스크(Verkhoyansk) 요지(凹地)와 베르호얀스크 산맥의 서쪽을 지나 시베리아의 내부로 수백 ㎞나 들어가 바이칼(Baikal)호에까지 달한다. 한편 대서양을 남하한 중앙 해령은 아프리카의 남쪽에 있는 남극양을 돌아 인도양으로 들어와 인도양중앙 해령(Mid-Indian Ridge)과 연결되고 마다가스카르섬의 동남에 있는 로드리게즈(Rodriguez)섬 근방에서 두 갈래로 갈라진다. 그중 하나는 북으로 향하여 앞에서 말한 칼스버그

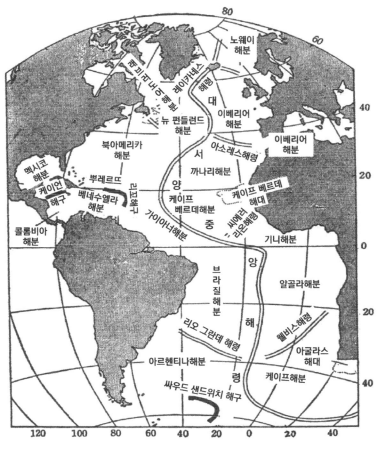

그림 4 | 대서양의 해저지형

해령을 거쳐 아덴(Aden)에 이른다. 다른 한 가지는 동남으로 향하여 매쿼리 (Macquarie)섬으로 뻗는다.

아덴만으로 뻗은 가지는 거기에서 다시 두 갈래로 나누어진다. 가지의

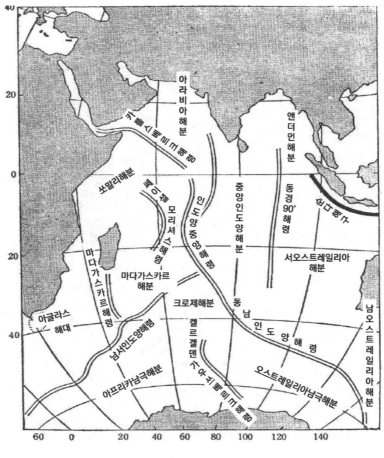

그림 5 | 인도양의 해저지형

하나는 사해와 요르단의 협곡을 이루는 팔레스타인(Palestine) 지구대(地溝帶)로 뻗으며 다른 하나는 남하하여 동부 아프리카의 지구대로 뻗친다.

아프리카의 동부에는 잠베지(Zambezi)에서 홍해에 이르는 약 3,000㎞

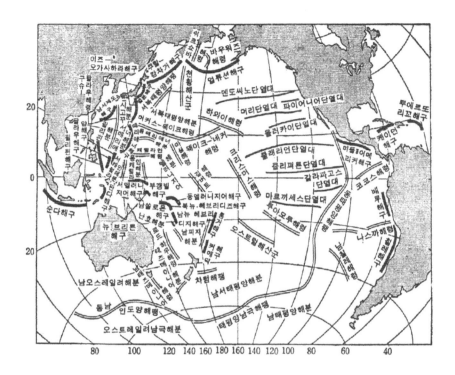

**그림 6 | 태평양의 해저지형**

에 걸친 열곡(rift valley)이라 불리는 일련의 긴 홈(trough)이 있다. 이 열곡의 존재는 중앙 해령에 있는 열목의 발견보다 훨씬 오래전부터 알려졌다. 따라서 중앙 해령에 따라 발달한 열목의 연장이 동부 아프리카에 있는 열곡

**그림 7 | 동태평양해팽의 육상연장부**

으로 계속된다는 사실은 양자가 지구상에서 닮은 구조라는 것을 가리키는 것이다. 이 사실은 [그림 1]에서 본 중앙 해령상의 열목과 열곡의 단면도를 비교해 보면 잘 알 수 있을 것이다. 모두 너비가 수십 km로써 서로 닮은 모양을 하고 있다.

여기서 다시 로드리게즈섬으로 되돌아가 이곳에서 동남으로 뻗은 중앙 해령을 쫓아가 보자. 로드리게즈섬에서 갈라진 가지는 세인트 폴(St. Paul) 섬을 거쳐 오스트레일리아와 남극 대륙 사이를 지나 매쿼리섬 가까이까지 뻗는다. 그중 몇 개의 가지로 갈라져 하나는 태즈메이니아(Tasmania)에서 뉴질랜드로 뻗고, 다른 한 가지는 남극의 로스(Ross)해로 뻗는다. 뉴질랜드에 있는 유명한 알파인(Alpine) 단층은 앞에서 말한 뉴질랜드로 뻗은 가지와 관계가 있다. 매쿼리섬 앞에서 중앙 해령은 이스터(Easter)섬으로 뻗는다. 그리고 이스터섬 가까이에서 또 다른 가지가 갈라진다. 동남으로 뻗은 가지는 남부 칠레로 연결되고, 북으로 뻗은 가지는 동태평양해팽을 거쳐 캘리포니아만에서 북아메리카 대륙으로 상륙한다.

북아메리카 대륙에 상륙한 중앙 해령의 연장은 여기서 다시 세 가지로 갈라진다(그림 7). 동쪽 가지는 캘리포니아만의 동북단에서 애리조나 서부의 콜로라도협곡과 유타주의 와사치(Wasatch)산맥의 서쪽을 지나 그레이트 솔트(Great Salt)호에서 아이다호, 몬태나를 거쳐 브리티시 콜롬비아에서 끝난다. 이 가지는 로키산맥의 지구(地溝)를 포함하는 지구대를 통과한다. 중앙의 가지는 시에라네바다(Sierra Nevada)산맥의 동쪽에 있는 지구대를 통과한다. 서쪽 가지가 가장 중요한 지구대로써 솔턴호(Salton Sea)나 그레이트 밸리(Great Valley)를 지나 멘도시노(Mendocino) 곶에서 바다로 빠진다. 이 가지는 유명한 산 안드레아스 단층(San Andréas Fault)에 연결된다. 멘도시노곶에서 바다로 나간 중앙 해령의 연장은 알래스카의 린(Lynn)해협에서 다시 상륙한다. 멘도시노곶과 린해협 사이의 태평양의 부분은 영과 구

(trough)의 지역이라 불리는 부분으로서 열목을 가진 중앙 해령의 전형적인 구조를 나타낸다.

## 중앙 해령은 고온이다

중앙 해령이 해저에서 우뚝 솟은 지형이라는 것과 해령의 축 부분에 갈라진 틈(rift)이 있고 또 그 축 가까이에서 지진이 발생한다는 것에 대해서는 이미 말한 바와 같다. 이 밖의 뚜렷한 특징은 이 중앙 해령 부분이 고온이라는 것이다. 먼저 해령의 축에 따라 지구의 내부로부터 표면으로 향해 다량의 열이 유출되고 있음이 관찰된다. 이렇게 지구의 내부로부터 표면으로 향하여 흘러나오는 열량을 지각열류량(terrestrial heat flow)이라고 한다. 해저에서의 열류량을 측정하기 위해서는 배에서 강철로 만든 길이 수 m의 창을 내린다. 해상에서 창을 일단 정지시킨 후 자유낙하시켜 해저에 박히게 한다. 다음에 해저에 박힌 창의 양 끝 두 점 사이의 온도차를 측정한다. 온도측정은 창의 상부에 장치한 강철제 상자 속에 든 기록계에 표시된다. 이렇게 온도차를 측정하는 한편 해저의 샘플을 채취하여 실험실로 가져온다. 실험실에서는 샘플의 열전도율이라고 할 수 있는 물리량을 측정한다. 먼저 구한 온도구배와 이 열전도율로 인해 그 지점의 지각열류량이 산출된다. 이러한 지각열류량의 측정은 현재까지 지구상의 수천 점에서 실시되었다. 실제로 해양지역에서 측정점의 수는 대륙 지역보다 수배에 달한다.

지각열류량은 지구 표면의 $1cm^2$당 1초에 $10^{-6}$칼로리($cal/cm^2$ per second)라는 단위로 산출한다. 이 단위는 열류량단위(HFU)라고 불린다. 해양지역과 대륙지역에서의 지각열류량은 거의 비슷하다. 그리고 지구 전반에 걸친 지각열류량의 평균값은 약 1.5이다. 그런데 중앙 해령의 축에 따라서는 평균값의 수배에 달하는 지각열류량이 관측되었다. 이것은 중앙 해령 부분이 고온이라는 생각을 갖게 하는 것이다.

중앙 해령의 부분이 고온이라는 데는 다소 간접적이기는 하나 다음과 같은 다른 증거도 있다. 지구의 지각과 맨틀(mantle)의 경계를 이루는 불연속면을 모호로비치치 불연속면(Mohorovičić discontinuity) 혹은 모호(Moho's)면이라고 부른다. 전형적인 대륙지각에서의 모호면은 지표면 밑 약 35km 지점에 있다. 즉 대륙지각의 두께는 약 35km이다. 이에 대해 전형적인 해양지각의 두께는 약 5km로서 모호면은 해면 아래 약 10km의 깊이에 있다. 문제는 이 모호면의 바로 밑에 있는 맨틀 부분을 통과하는 지진의 종파(파) 속도이다. 지금은 인공지진을 일으켜 각 지역에서의 이 종파의 속도가 정밀하게 측정되었는데 보통 지역에서의 $P_n$파의 속도는 8km/sec.를 조금 넘는 정도였다. 그런데 중앙 해령의 부분에서는 이 $P_n$파의 속도가 8km/sec.보다 작으며, 때로는 7.5km/sec.인 경우도 있다. 일반적으로 동일한 매질에서 지진파의 속도는 압력이 크면 커지고 온도가 높으면 작아진다. 따라서 중앙 해령의 부분에서 파의 속도가 작다는 것은 그 부분이 고온임을 암시하는 것이다.

## 태평양을 둘러싼 해구

해저에는 곳곳에 좁고 길게 연속된 깊은 골짜기가 있다. 그 가운데서 깊이가 6,000m 이상에 달하는 것들을 해구(trench)라고 부른다. 지구상에서 가장 깊은 비차즈 해구(Vityaz Trench, 깊이 11,034m)는 마리아나(Mariana)해구에 속해 있다. 또 그 근처에는 깊이 11,022m에 달하는 챌린저(Challenger)해연이 있다. 알다시피 해구는 지구상의 바다에서도 매우 깊은 곳을 뜻한다. 이렇게 깊은 곳은 육지에서 멀리 떨어진 곳에 있을 것이라는 예상과는 달리 해구의 대부분은 대륙에 가까운 호상열도와 나란히 발달한다. 이것을 반대로 말하면 호상열도는 반드시 해구를 수반한다는 것이다. 호상열도란 일본 열도와 같이 활 모양을 하고 연속되어 있는 섬을 말한다. 일본 열도의 동쪽에는 유명한 일본 해구가 있으며 앞에서 말한 내용을 잘 나타내고 있다.

일본 해구를 비롯하여 수많은 해구가 태평양을 둘러싸고 있다. 일본 해구에서 시작하여 태평양의 가장자리를 둘러싼 해구들을 시곗바늘 반대 방향으로 살펴보기로 하자(그림 6).

일본 해구는 에리모(襟裳) 해산에서 보소(房總)반도 동남부에 걸쳐 거의 남북으로 뻗쳐 있으며 그의 길이는 890㎞, 너비 100㎞, 가장 깊은 곳은 8,414m이다. 이와 엇갈리는 이즈-오가사하라 해구는 보소반도의 남부에서 남하하여 오가사하라 해대(海臺)로 뻗고 있는데 길이 800㎞, 너비 90㎞, 가장 깊은 곳이 9,810m이다.

이즈-오가사하라 해구에 이어 남하하여 발달한 것이 마리아나 해구이다. 이 해구는 길이 2,550㎞, 너비 70㎞, 가장 깊은 곳인 11,034m의 비차즈 해연은 지구상의 바다에서 가장 깊은 곳이다. 또 비차즈 해연 다음으로 깊은 챌린저 해연(깊이 11,034m)이 있다. 마리아나 해구에 이어 그 서남부에 연결된 것이 얍(Yap) 해구와 팔라우(Palau) 해구이다. 이들은 필리핀의 동쪽, 뉴기니의 북쪽에 있다. 얍 해구의 길이는 700㎞, 너비는 40㎞, 가장 깊은 곳은 8,527m이다. 팔라우 해구의 길이는 400㎞, 너비는 40㎞, 가장 깊은 곳은 8,054m이다.

여기서 다시 일본 열도의 남쪽으로 되돌아가면 일본 남쪽에는 난세이(南西) 제도에 따라 발달하는 류큐(琉球) 해구 혹은 난세이 제도 해구라고 불리는 해구가 있다. 이 해구의 길이는 2,250㎞, 너비는 60㎞, 가장 깊은 곳이 7,507m이다. 류큐 해구에 이어 필리핀 군도의 동쪽에 필리핀 해구가 있다. 그 길이는 1,400㎞, 너비는 60㎞, 가장 깊은 곳이 10,030~10,497m이다. 필리핀 해구는 뉴기니의 서북쪽에서 팔라우 해구와 서로 비스듬히 마주 보면서 뻗쳐 있다.

뉴기니의 동남 및 오스트레일리아의 북동쪽에 있는 솔로몬(Solomon) 해와 산호해(Coral Sea)에는 몇 개의 해구가 있다. 뉴기니의 북쪽에는 길이 1,100㎞, 너비 60㎞, 가장 깊은 곳이 6,534m에 달하는 서멜라네시아(West Melanesia) 해구가 동서로 뻗쳐 있다. 이 해구의 남쪽에는 길이 750㎞, 너비 40㎞, 가장 깊은 곳이 8,320m인 뉴브리튼(New Britain) 해구와 길이 500㎞, 너비 50㎞, 가장 깊은 곳 8,310m인 부건빌(Bougainville)

해구가 거의 동서로 뻗쳐 있다. 다시 이들 동남쪽에는 산크리스토발(San Cristobal, 남솔로몬) 해구(길이 950㎞, 너비 40㎞, 가장 깊은 곳 8,310m), 노스 뉴 헤브리데스(North New Hebrides) 해구(길이 750㎞, 너비 60㎞, 가장 깊은 곳 9,162m), 사우스 뉴 헤브리데스 해구(길이 1,200㎞, 너비 70㎞, 가장 깊은 곳 9,162m) 등이 북서에서 동남을 향해 뻗고 있다. 이들의 동남쪽에는 뉴질랜드로 향하여 길이 1,400㎞, 너비 55㎞, 가장 깊은 곳 10,800~10,882m에 달하는 통가(Tonga) 해구와 길이 1,500㎞, 너비 60㎞, 가장 깊은 곳 10,047m의 케르마데크(Kermadec) 해구가 거의 남북으로 달리고 있다.

여기서부터 해구의 열은 갑자기 남아메리카 대륙의 서해안을 따라 길이 5,900㎞, 너비 100㎞, 가장 깊은 곳 8,055m에 달하는 페루-칠레 해구가 해안선을 따라 거의 남북방향으로 뻗쳐 있다. 여기서 북상하여 중앙아메리카 대륙의 해안 가까이에는 길이 2,800㎞, 너비 40㎞, 가장 깊은 곳 6,662m의 아메리카 해구가 거의 동서로 뻗는다. 북아메리카 대륙의 서해안 가까이에는 해구가 나타나지 않는다. 태평양에서는 알래스카반도에서 캄차카(Kamchatka)반도에 이르기까지 길이 3,700㎞, 너비 50㎞, 가장 깊은 곳 7,679m에 달하는 알루샨(Aleutian) 해구가 거의 동서로 달리고 있다. 여기서 다시 캄차카반도에서 시작하여 쿠릴(Kuril) 열도와 나란히 뻗쳐 있는 길이 2,200㎞, 너비 120㎞, 가장 깊은 곳 10,542m의 쿠릴-캄차카 해구로 태평양을 둘러싼 해구의 고리는 닫힌다.

해구의 대부분은 태평양의 가장자리에 있는데 대서양과 인도양에도 있다. 대서양에는 남아메리카 대륙과 남극 대륙 사이에 길이 1,450㎞, 너비 90㎞, 가장 깊은 곳 8,428m에 달하는 사우스샌드위치(South Sandwich) 해구가 있다. 그리고 중앙아메리카의 멕시코에서 쿠바를 지나 푸에르토 리코(Puerto Rico)에 이르는 사이에 케이맨(Cayman) 해구(깊이 1,450㎞, 너비 70㎞, 가장 깊은 곳 7,093m), 도미니카(Dominica) 해구(길이 700㎞, 너비 30㎞, 가장 깊은 곳 6,200m)와 푸에르토리코 해구(길이 1,550㎞, 너비 120㎞, 가장 깊은 곳 8,385m)가 있다. 또 인도양에는 동북쪽 가장자리에 길이 4,500㎞, 너비 80㎞, 가장 깊은 곳 7,450m의 자바(Java, 인도네시아 또는 순다(Sunda) 해구가 있다. 또 순다 해구의 동북쪽에는 반다(Banda) 해구가 있다. 그리고 마다가스카르섬 동쪽에는 길이 1,080㎞, 너비 30㎞, 가장 깊은 곳 5,564m의 모리셔스(Mauritius) 해구와 인도양의 중앙부에는 길이 2,450㎞, 너비 70㎞, 가장 깊은 곳 5,408m의 차고스(Chagos) 해구가 있다.


## 해구와 호상열도에 따라 발달한 습곡산맥, 화산활동, 지진

앞 절에서 열거한 해구와 도호계는 여러 가지 눈여겨 볼 만한 특징을 가지고 있다. [그림 8]은 제3기 초(약 7,000만 년 전)부터 현재에 이르기까지 조산운동이 활발했던 지역을 나타낸 것이다. 조산운동이 활발했던 지역이 태평양을 둘러싼 해구 및 도호계와 알프스-히말라야 조산대에 집중되어 있음을 알 수 있다. 이 사실은 이들 사이에 어떤 인과관계가 있다는 것을 예상케 한다. 이 인과관계에 대한 예상이야말로 매우 중요한 지질학적 현

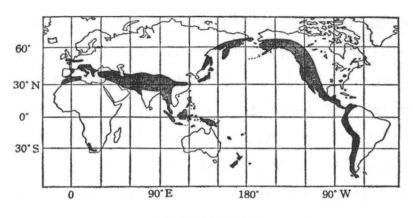

그림 8 | 신생대의 조산대

상이다. 해구와 도호계는 세월이 흐르면 마침내 조산대로 발전할 것이다.

　[그림 9]는 활화산의 분포를 도시한 것이다. 활화산은 해령계와 해구 및 도호계 혹은 이를 좀 넓힌 조산대에 집중되어 있음을 알 수 있을 것이다. 특히 격렬한 활동을 하고 있는 화산은 태평양을 둘러싼 불의 고리라고 불리는 띠 가운데에 있다. 유명한 화산들을 쫓아 이 고리를 살펴보기로 하자.

　이 고리의 남단은 남극 대륙의 로스섬에 있다. 즉 로스섬에 있는 에레보스(Erebus)산은 만년설에 덮여 있어 남극에 어울리지 않게 수증기를 뿜고 있다. 남극에서 시작한 불의 고리는 안데스산맥을 따라 남아메리카의 서해안에 줄지어 있다. 페루 및 에콰도르에는 세계 최고의 활화산 코토팍시(Cotopaxi, 5,978m)와 이와 거의 같은 높이인 엘 미스티(El Misti) 화산이 이 불의 고리에 속해 있다. 또 때때로 폭발하여 작은 집채 크기의 화산탄을 초속 500m에 달하는 속도로 방출하는 상가이(Sangay)산도 이 불의 고리에 속한다. 아르헨티나의 아콩카과(Aconcagua, 7,021m)산은 오랫동안 잠들고 있는 사화산이라고 생각하고 있다. 만일 이것이 화산이라면 아콩카과는 세계에서 가장 높은 화산일 것이다.

불의 고리는 카리브해에 있는 펠레(Pelèe) 화산, 세인트키츠(Saint Kitts) 섬에 있는 미저리(Misery) 화산 등의 서인도 제도의 화산을 거쳐 중앙아메리카로 다시 뻗는다. 멕시코에는 1943년 보리밭 가운데서 탄생하여 현재 450m 높이까지 솟은 유명한 파리쿠틴(Paricutin) 화산이 있다. 파리쿠틴 화산을 지나 불의 고리는 북아메리카로 뻗는다. 그리고 미국 내에 있는 래슨(Lassen), 섀스타(Chasta), 푸드(Food), 레이니어(Rainier), 베이커(Baker) 화산 등을 거쳐 알래스카로 뻗는다. 알래스카에는 1912년 사상 최대의 분화로 생각되는 것으로써 160km 떨어진 코디악(Kodiak) 거리를 화산재로 3~4m 덮은 유명한 카트마이(Katmai) 화산이 있다. 알래스카를 지난 불의 고리는 베링 해협을 횡단하여 캄차카반도로 뻗는다. 그리고 쿠릴열도를 지나 일본의 화산대에 연결된다. 일본을 상징하는 후지(富士)산이 화산이라는 것은 두말할 것도 없다. 일본의 화산대는 계속 필리핀으로 뻗어 불의 고리는 그곳에서 탈(Taal), 마욘(Mayon)의 쌍둥이 화산을 이룬다. 태평양을 둘러싼 불의 고리는 셀레베스섬에서 서쪽으로 뻗은 또 다른 화산대와 접속한다. 그리고 불의 고리 자신은 뉴기니섬, 솔로몬 제도를 지나 뉴질랜드로 뻗는다. 이렇게 태평양을 둘러싼 고리는 매듭을 짓게 되는 것이다.

한편 셀레베스 부근에서 갈라진 다른 화산대는 인도네시아를 지나 미얀마와 히말라야에 있는 비화산성 산맥으로 뻗는다. 인도네시아에는 유명

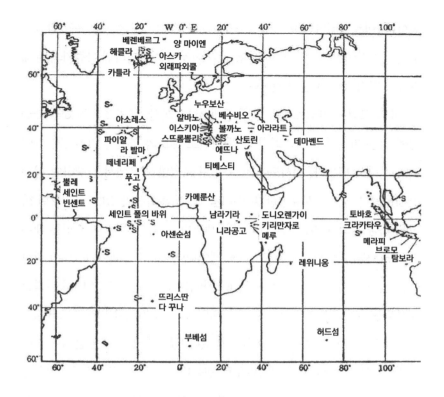

한 크라카타우(Krakatau), 탐보라(Tambora) 화산이 있다. 미얀마와 히말라야에서 비화산성 산맥으로 된 호(弧)는 카프카스(Caucasus, Kavkaz)와 지중해에서도 다시 화산으로 나타난다. 지중해에는 스트롬볼리(Stromboli), 베수비오(Vesuvio), 에트나(Etna), 불카노(Vulcano) 등의 유명한 화산이 있다. 그리고 홍해와 아프리카의 열곡을 따라 많은 화산이 줄지어 있다. 적도에서 320km밖에 떨어져 있지 않은데도 언제나 눈으로 덮여 있는 유명한 킬리

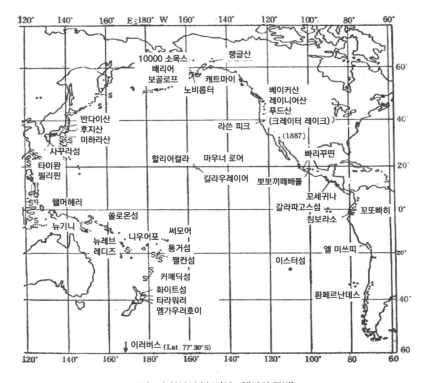

그림 9 | 화산의 분포(S는 해저의 폭발)

만자로(Kilimanjaro)는 열곡에 자리 잡고 있는 화산이다.

    이들 중 마지막으로 기술한 열곡에 자리 잡고 있는 화산을 제외하고는 모든 화산이 해구와 도호계 혹은 조산대에 자리 잡고 있다. 이밖에 해령계에 자리 잡고 있는 화산도 있다. 이 중에서도 유명한 것은 아이슬란드로부터 트리스탄다쿠냐(Tristan Da Cunha) 제도에 이르기까지 대서양에서 남북으로 줄지어 있는 화산렬이다. 그중에는 세인트 폴 암초, 어센션(Ascension)

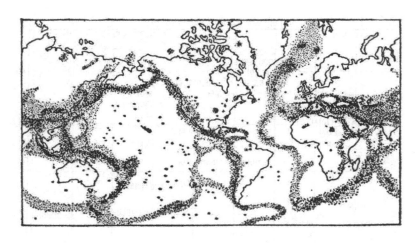

그림 10 | 지진대

섬과 나폴레옹이 유배되었던 유명한 세인트헬레나(Saint Helena)섬이 있다. 이 밖에도 북부 중앙 태평양에는 하와이 화산이 하나의 무리를 이루고 있다. 이 중 용암의 유출이 110㎞에 달한 하와이에는 유명한 마우나 로아(Mauna Loa) 화산이 있다. 마우나 로아 화산은 수심 4,900m의 기반에서부터 솟아올라온 것이다. 해저에서 정상까지의 산 전체의 높이는 에베레스트산보다 약 300m나 높다.

　[그림 10]은 20세기에 들어와서 일어난 지진의 진앙(진원의 바로 위에 있는 지표면상의 점)의 분포를 나타낸 것이다. 지진이 해구 및 조산대와 해령계에 집중해 일어났음을 알 수 있다. [그림 10]에 나타낸 해령계에서 일어난 지진의 수는 약간 과장된 것이다. 왜냐하면 해령계에 집중하여 지진이 일어난다는 사실은 얼마 전까지 잘 모르고 있었기 때문이다. 좀 오래된 지진

분포도에서는 해구와 도호계(조산대)에만 집중하여 지진이 일어난 것으로 알려져 있었다.


## 찬 물질이 해구에서 맨틀 속으로 잠입한다

[그림 11]은 일본 부근에서 일어난 진원의 깊이에 대한 분포도이다. 이를테면 100㎞와 150㎞의 등심선 내에 있는 지역에서 발생한 진원의 깊이는 항상 이 범위에 한정되어 있다. [그림 11]을 보면 일본 열도 부근에서는 일본 해구 가까이부터 지표면과 거의 45°의 경사를 이루며 지구 내부로 기울어진 평면에 따라 지진이 일어났다는 것을 알 수 있다. 그리고 일본 부근에 점재하는 활화산이 [그림 11]에 도시된 150㎞ 깊이의 등심선을 따라 분포되어 있음이 주목된다. 일본 부근에서와 같이 뚜렷하지는 않으나 다른 해구 가까이에서도 [그림 11]과 비슷한 배열로 되어 있는 것을 볼 수 있다. 즉 바다 쪽에는 해구가 있고, 그곳에서 좀 떨어진 육지에서는 얕은 지진이 일어난다. 다시 더욱 육지 쪽으로 가면 중간 정도 깊이의 지진이 일어나며 활화산도 이곳에 분포되어 있다. 여기서 다시 육지 쪽에는 때로는 700㎞에까지 달하는 깊은 지진이 일어난다.

[그림 12]는 일본 부근에서의 지질열류량의 분포를 도시한 것이다. [그림 12]에 의하면 일본의 태평양 연안에 있는 일본 해구 근처의 지각열류량은 1.0HFU임을 알 수 있다. 이는 지각열류량의 세계적 평균값 1.5HFU에

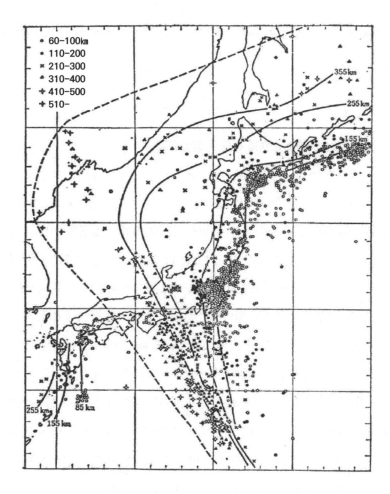

그림 11 | 일본 부근에서 일어난 지진의 진원 깊이

비하면 매우 작은 값이다. 지각열류량이 작다는 것은 그 부근의 온도가 낮
다는 것을 뜻한다. 일본 해구 부근에서뿐만 아니라 일반적으로 해구 부근

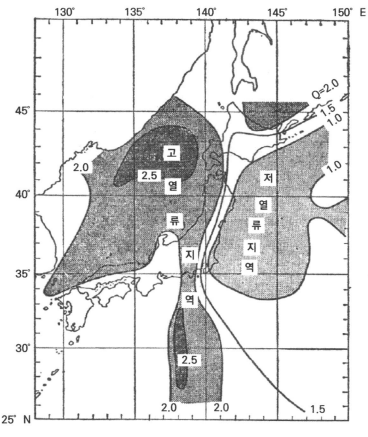

**그림 12 | 일본 부근의 지각열류량의 분포**

(단위: $10^{-6}$ cal/cm초)

에서는 지각열류량이 작다.

좀 간접적이긴 하지만 해구 부근에서 지하의 온도가 낮다는 것은 다음과 같은 사실로도 알 수 있다. [그림 13]은 일본 열도를 가로 자른 수직단

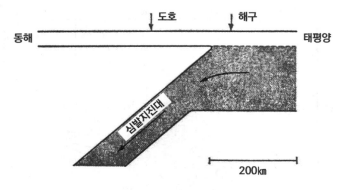

**그림 13 | 일본 동북부의 단면**

면이다. 그림의 오른쪽은 일본 해구를 포함하는 태평양이고 왼쪽은 동해 쪽이다. 회색 부분에서는 다른 부분에 비해 지진파의 속도가 빠르며 지진파의 거리에 의한 감쇠가 보다 작은 것을 관측할 수 있다. 이 결과는 일본 홋카이도 대학에 있던 우츠 박사가 조사한 것이다. 중앙 해령에서도 설명한 바와 같이 지진파의 속도가 큰 것은 온도가 낮다는 것을 뜻한다. 그리고 지진파의 감쇠가 작다는 것도 온도가 낮다는 것을 뜻한다. [그림 13]에서는 온도가 낮은 부분이 일본 해구 가까이에서 혀 모양으로 맨틀 속으로 들어간 것을 볼 수 있다. 그것의 두께는 100㎞ 정도로 그렇게 두꺼운 것은 아니다.

일본 해구 부근뿐만 아니라 다른 해구 가까이에서도 이러한 사실이 알려졌다. [그림 14]는 라몬트 지질연구소의 지질학자와 지구물리학자들이 밝혀낸 통가와 케르마데크 해구 근처의 수직단면도이다. 여기서도 역시

피지    통가해구

지진발생면

0    200km

**그림 14 | 피지-통가 부근의 단면**

저온 부분이 혀 모양으로 맨틀 속으로 들어가 있다. 이 혀 모양을 한 찬 부분의 위 가장자리를 따라 심발지진이 일어난다고 주장하는 학자들도 있다. 이 지진이 발생하는 면상(面上)의 150km 깊이의 등심선에 따라 활화산이 분포한다는 것은 일본 열도에서 말한 바와 같다.

일본 부근에서의 화산에 대한 암석학적인 연구에 의해 [그림 15]와 같은 현무암질 마그마(magma)의 분포도가 작성되었다. 이것은 일본의 도쿄대학에 있던 故쿠노 교수가 작성한 것이다. [그림 15]를 보면 X로 표시된 토레아이트질 현무암이 가장 동쪽에 분포하고, 다음에는 고알루미나 현무암(O표)이 분포하며 그 서쪽에는 알칼리 현무암(·표)이 분포하고 있음을 알 수 있다. 이 분포도와 진원의 깊이를 나타낸 [그림 11]을 비교해 보면 양자가 서로 닮은 데가 있다는 것을 알 수 있을 것이다. 특히 토레아이트질 현무암과 고알루미나 현무암이 경계가 되는 선이 [그림 11]에 명시된 지진의 150km의 등심선과 거의 일치하고 있다. 이것은 마그마의 생성과 지진이 밀접한 관계가 있음을 암시하는 것이다. 아마도 양자는 같은 시기에 동일

**그림 15 | 현무암질 마그마의 분포**

한 곳에서 일어났을 것이다.

앞에서 말한 토레아이트질 현무암은 $SiO_2$가 포화되어 있고 고알루미나 현무암에서 알칼리 현무암으로 갈수록 $SiO_2$의 양이 불포화로 된다. 한편 맨틀물질이라고 생각되는 감람암(olivinite)과 유사한 암석을 고압 하에서 용융하는 실험 결과에 따르면 고압 하에서 용융할수록 용융된 액은 $SiO_2$

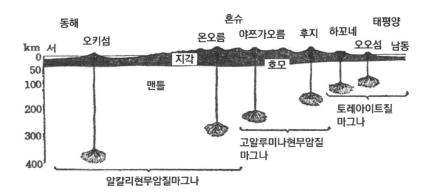

**그림 16 | 마그마의 원천**

의 양이 불포화로 된다. 이러한 사실을 검토하여 쿠노 교수는 일본 부근의 모든 현무암은 심발지진에 수반하여 심발지진 면상에 발생한다고 생각했다. 그 모양을 나타낸 것이 [그림 16]이다. 즉 이 심발지진면을 따라서 서쪽으로 갈수록 지진이 발생하는 깊이, 즉 현무암질 마그마가 생성되는 깊이가 깊어진다. 그런데 깊이가 깊어질수록 압력은 커진다. 압력이 커질수록 맨틀물질이 녹아 생긴 액은 $SiO_2$의 양에서 불포화 상태가 된다. 이러한 생각을 따라가면 [그림 15]에 도시한 현무암질 마그마의 분포도가 잘 납득될 것이다. 지진에서와 마찬가지로 현무암질 마그마도 [그림 13]에 도시한 혀 모양의 찬 물질의 위 가장자리에서 생성될 것이다.

## 산은 해구로부터 만들어진다

해구 및 도호계와 조산대에는 다음과 같은 지질학적 사실이 있다. 그것은 「산은 어떻게 하여 높이 솟는가?」라는 매력적인 문제와도 깊은 인과관계가 있다.

지질학자들의 연구에 따르면 대륙의 가장자리와 인접해 있는 바다 쪽에 오목한 곳이 생긴다. 대륙에서 운반되어 온 퇴적물이 이 오목한 곳을 메운다. 그러나 퇴적물이 채워지는 한편 오목한 곳은 더욱 깊어지기 때문에 좀처럼 메워지지 않는다. 이리하여 10㎞에 달하는 두께의 퇴적물로 메워진 홈(溝)이 형성된다. 이러한 홈 부분을 지향사(地向斜, geosyncline)라고 한다. 퇴적물의 두께가 두꺼워지면 먼저 쌓였던 퇴적물의 밑바닥은 맨틀 속으로 침하한다. 그와 동시에 지향사의 퇴적물은 심하게 습곡하고 단층을 수반하기도 한다. 맨틀로부터 여러 가지 물질이 상승하여 퇴적물 속에 스며 들어온다. 퇴적물은 변성작용(metamorphism)을 받아 변성암을 만들거나 화강암화한다. 이렇게 두꺼운 화강암이나 변성암의 지각이 만들어진다. 이 시기가 지질학자들이 말하는 조산운동(orogenic movement)의 최성기이다. 마침내 이때까지 침강을 계속하던 지향사는 융기하기 시작하여 때를 같이하여 높이 솟은 산을 형성한다.

이러한 메커니즘에 따르면 산맥의 형성은 뭐니 뭐니 해도 지향사의 형성에서부터 시작된다고 해도 좋을 것이다(그림 17). 그리고 산이 높이 솟는 시기가 조산운동의 최성기가 아니고 그의 말기라는 것도 알 수 있다. 어쨌

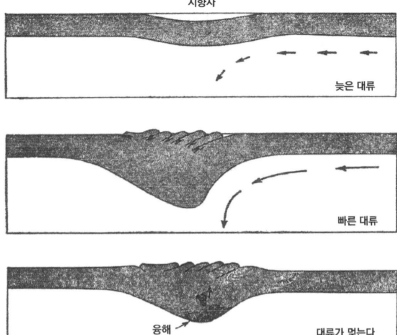

지향사

늦은 대류

빠른 대류

융해          대류가 멎는다

**그림 17 | 지향사와 조산운동**

든 이렇게 형성된 산맥이 대륙의 한 부분으로 덧붙여져 대륙은 바다 쪽을 향해 끊임없이 성장해 가는 것이다.

앞에서 말한 지향사와 해구는 서로 닮은 점이 많다. 둘 다 육지와 바다가 접하는 곳에 형성된 깊이 10㎞에 달하는 오목한 곳이다. 여러 가지 사실에 비추어 보아 해구는 지향사의 현대판이라고 해도 좋을 듯싶다. 그러나 실제로 지향사와는 달리 해구에는 퇴적물이 쌓이지 않는다. 이 차이점에 대해서는 여러 가지 의론이 있다.

옛날에는 지향사를 메우는 퇴적물은 오랜 시간을 거쳐 한 알 한 알 쌓인 것으로 생각했다. 그리고 지향사는 해수면 가까이까지 퇴적물로 메워지는 것으로 생각했다. 그러나 최근에 와서 지향사 가까이에 있는 해저의 퇴적물이 지향사에 흘러 들어감으로써 지향사는 빠른 속도로 메워진다는 이론이 제창되었다. 이렇게 바다 가운데서 퇴적물을 먼 바다로 흘러 들어가게 하는 흐름을 난니류(亂泥流)라고 한다. 이 생각이 옳다면 지금은 아직 메워져 있지 않은 해구(trench)도 얼마 안 가서 끊임없이 흘러 들어오는 난니류에 의해 메워질 것이다. 그리고 마침내 그곳에 높은 산이 솟아오를지도 모른다. 만일 그렇다고 하면 해구와 지향사는 형제와 같은 것으로서 이 형제는 조산대의 어버이와 같은 것이겠다. 그리고 지향사로부터 솟아오른 산이 바다 위에 머리를 내민 것이 도호(島弧)일 것이라는 것도 쉽게 이해할 수 있을 것이다.


## 실험실 내에서 산을 만들다

앞 절에서 말한 것과 관련된 유명한 실험이 있다. 1939년 하버드 대학에 있던 그리그스(D. Griggs)가 실험을 실행했다. [그림 18]은 그의 실험 장치를, [그림 19]는 실험에서 얻은 결과를 모식적으로 그린 것이다.

[그림 18]에서 용기 안의 검게 보이는 부분이 지각, 그리고 하얗게 보이

그림 18 | 그리그스의 실험

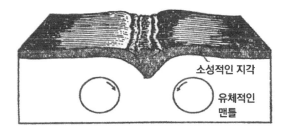

소성적인 지각

유체적인 맨틀

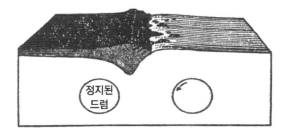

정지된 드럼

그림 19 | 그리그스의 실험

는 부분이 맨틀에 해당한다. 그리고 모형에서 맨틀 부분에 있는 두 개의 동그라미는 지면에 수직인 긴 드럼통의 단면이다. 이 드럼통은 도르래의 벨트와 연결되어 있으며 용기 밖의 도르래를 돌리면 용기 안에 있는 드럼통이 돌게끔 되어 있다. 이 드럼통의 회전은 맨틀 내에서 일어난 어떤 종류의 흐름과 같은 것이다.

[그림 19]에서 위의 그림은 이 두 개의 드럼통을 화살표 방향으로 돌렸을 때 모형 지각이 이 흐름에 말려 뒤틀려져 들어가 밑으로 처진 것을 도시한 것이다. 이것은 앞에서 설명한 지향사의 형성에 대응되는 결과이다. 이러한 상태에 달했을 때 드럼통의 회전을 중지시키면 밑으로 처진 지각 부분은 융기하여 산이 된다.

이것은 지향사로부터 산맥이 솟아오르는 과정에 대응되는 것이다. [그림 19]의 아래 그림은 오른쪽에 있는 드럼통만을 돌렸을 때 일어난 결과를 나타낸 것이다. 이 경우에는 모형 지각이 왼쪽으로 밀려, 밀려간 부분에 두꺼운 지각이 형성된다.

## 조산운동의 윤회

[그림 19]에 의하면 맨틀 내에서 윗 그림에서와 같은 흐름이 있으면 지향사가 형성되고 또 지향사가 만들어진 상태에서 흐름이 멈추면 산이 솟아오른다. 그런데 이렇게 알맞게 흐르고 멈추는 흐름의 본질은 대체 무엇일까?

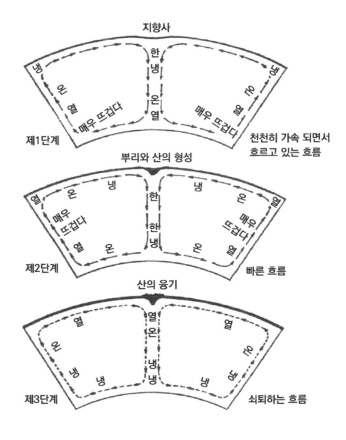

**그림 20 | 조산운동의 윤회**

그리그스는 그것은 맨틀 내부에서의 온도차로 일어나는 대류라고 생각했다. [그림 20]은 그의 이론을 모식적으로 도시한 것이다. 대류가 일어나기 위해서는 일반적으로 하부가 뜨겁고 상부가 차가워야 한다. 즉 핵에 접한 맨틀의 하부는 뜨겁고 지각에 접한 맨틀의 상부는 찬 상태라고 그는 생각했다. 어쨌든 이렇게 맨틀에서는 대류가 일어나는 것이다. 대류가 일어나는 상태를 좀 더 상세히 설명하면 어떤 부분에서는 비교적 온도가 높아 밀도가 작은 유체가 솟아오르고 이와는 달리 어떤 부분에서는 비교적 온도가 낮아 밀도가 큰 유체가 침하한다. [그림 20]의 위 그림과 가운데 그림은 이 상태를 도시한 것이다. 이 상태에서는 [그림 19]에서 볼 수 있는 것과 같은 지각의 침하와 지향사가 형성된다. 이렇게 맨틀 물질의 이동이 일어나고 곧 [그림 20]의 아래 그림에 나타낸 것과 같은 온도분포를 이루게 된다. 이 상태에서는 상부가 뜨겁고 하부가 차다. 따라서 대류는 멈춘다. 이와 동시에 지향사는 산으로 이화(移化)된다. 그리고 다음에는 맨틀 상부의 냉각과 맨틀 하부에서의 온도상승이 생겨 마침내 [그림 20]의 위 그림에서와 같은 상태로 되돌아간다. 그렇게 또다시 대류가 시작된다. 그리그스는 이러한 조산운동의 윤회(cycle of erogeny)는 수억 년의 주기로 일어날 것이라고 생각했다.

그리그스의 모형은 지향사와 산맥의 형성뿐만 아니라 조산운동의 윤회도 기묘하게 설명하고 있다. [그림 18]에서 보여준 그리그스의 실험은 실험실 내에서 산을 만드는 실험이라고 해도 좋을 것이다. 이 실험은 지구에 대한 실험으로서 매우 유명한 것이다.

이러한 실험 결과를 지구의 과거사에 적용하는 경우 주의해야 할 문제점이 있다. 그것은 문제되는 자연현상이 어떤 기본적인 법칙에 따르고 있는가를 잘 생각해야 한다. 또 자연과 모형이 이와 동일한 기본법칙을 충족할 수 있게 모형에서의 모든 물리량의 축척을 조정하지 않으면 안 된다

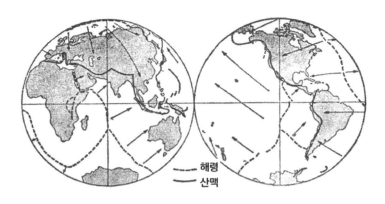

**그림 21 | 맨틀대류의 방향**

는 것이다. 이러한 주의가 결핍된 실험은 아무리 해도 자연의 비밀을 파헤칠 수 없을 것이다. 이러한 모형실험의 원리에 대해서는 허버트(M. King. Hubbert)가 일반적인 고찰을 훌륭하게 했다. 그에 관해서는 4장에서 상세하게 설명하겠다. 여기서는 [그림 18]에서 보여준 그리그스의 실험이 허버트의 원리에 따라 설계되어 있다는 것만을 알면 된다. 즉 그리그스의 실험에서는 그것이 자연을 재현하고 있다는 보증이 주어졌다는 것이다.


## 맨틀대류설의 등장

그리그스의 이론에서는 해구의 부분에서 대류가 맨틀 내로 침하한다고 생각했다. 그리고 해구의 부분에서 맨틀 내로 흘러내려간 대류는 그에 앞

**그림 22 | 홈즈의 맨틀대류설**

서 해양 밑의 맨틀 표면 가까이로, 바다로부터 육지를 향해 거의 수평으로 흘러왔다고 생각했다. 그런데 대류에는 밑으로 흘러내리는 부분이 있으면 다른 한쪽에서는 표면을 향해서 솟아오르는 부분이 있다는 것이다. 대체 맨틀대류가 표면을 향해 흘러나오는 곳은 지구상의 어떤 부분이겠는가.

여기서 우리의 눈은 조산대나 해구와 나란히 발달하는 지구상의 한 중요한 특징인 중앙 해령에 쏠린다. 즉 맨틀대류가 중앙 해령의 부분에서 지구 표면으로 솟아 올라와 그곳에서 좌우로 갈라져 해저 밑의 맨틀 상부에서 수평으로 진행하여 해구 부분에서 맨틀 내부로 흘러 들어간다는 생각이 떠오른다. [그림 21]은 이런 원리에 바탕을 두고 윌슨(J. T. Wilson)이 그린 맨틀대류의 평면도이다. 이 그림을 보면 맨틀 내에는 세 개의 큰 대류가 있음을 알 수 있다. 즉 태평양, 대서양 및 인도양 밑에 있는 맨틀을 무대로 한 대류이다.

실제로 이러한 맨틀대류의 모습을 최초로 캐낸 사람은 1965년에 죽은 애든버러 대학의 아더 홈즈(Arthur Holmes) 교수다. [그림 22]와 [그림 23]은 1928년 그가 그린 맨틀대류의 평면도와 수직 단면도이다. [그림 21]과 [그림 22]를 비교해 보면 두 그림이 매우 닮았다는 것을 알 수 있다. 홈즈가 [그림 22]를 생각했을 때는 지구를 둘러싼 중앙 해령의 연결이 알려져 있지 않았다. 이 두 그림을 종합해 보면 홈즈의 추리의 정확성에 다시 한번 놀라지 않을 수 없다.

홈즈와 그리그스가 제시한 맨틀대류의 이론은 각 방면에 응용되어 빛나는 성과를 거두었다. 오늘에 이르러서는 지구의 내부 구조나 역사를 풀

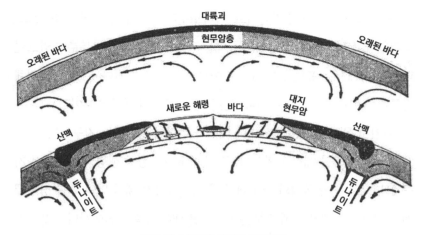

대륙괴

현무암층

오래된 바다

오래된 바다

새로운 해령   바다   대지
현무암

산맥

산맥

듀나이트

듀나이트

**그림 23 | 홈즈가 생각한 맨틀대류**

이하는 학문인 지구과학에 관한 대부분의 큰 문제는 맨틀대류설의 주위에 모인 느낌마저 든다. 여기서는 우선 이 장에서 지금까지 설명한 중앙 해령과 해구 및 조산대에 관한 여러 가지 관측 사실이 맨틀대류의 이론에 의해 얼마나 뚜렷이 설명되는가를 살펴보기로 한다.

맨틀대류가 솟아오르는 중앙 해령의 부분은 다른 곳에 비해 고온이다. 고온이기 때문에 열팽창으로 물질의 밀도가 작아지고, 밀도가 작아짐으로써 떠오른 것이다. 중앙 해령 부분이 고온이라는 것은 이를테면 이 부분에서의 $P_n$파의 속도가 작다는 사실로도 입증된다. 또 대류가 솟아오르는 부분에서는 그 대류에 의해 지각의 밑바닥에 다량의 열이 운반되어 올라온다. 이 열의 일부분은 열전도로 지각표면에까지 전달되어 지각열류량으로 관측된다. 중앙 해령 부분에서 지각열류량이 큰 것은 이 때문이다. 그리고 솟아오른 대류는 그 위에 있는 지각을 받쳐 올릴 것이다. 이렇게 중앙 해령이 해저에서 높이 솟아오르게 된 것이다. 이 부분에서 지진이나 화산활동이 활발하게 일어난다는 것은 쉽게 이해될 것이다. 그리고 이 부분에 솟아오른 대류는 그곳에서 좌우로 갈라져 수평으로 흘러간다. 이때 그 위에 있는 지각에는 장력이 작용하게 된다. 아마도 이 장력으로 지각이 갈라졌고 그것이 중앙 해령의 정상에 있는 열목을 형성했을 것이다.

한편 맨틀대류가 지구 내부로 가라앉은 해구와 조산대 근처는 다른 곳에 비해 온도가 낮다. 저온이기 때문에 수축에 의해 물질의 밀도가 커지고 밀도가 크기 때문에 대류는 밑으로 흘러내리게 되는 것이다. 이러한 사실은 [그림 12]에 도시한 일본의 태평양 측에서의 지각열류량이 작다는 것과 [그림 13] 및 [그림 14]에 보인 바와 같이 이 부분에서의 지진파 속도가 크고 또 지진파의 감쇠가 작다는 것으로 잘 설명된다. 맨틀 내로 흘러 내려가는 대류는 그 위에 놓인 지각을 맨틀 내로 끌어 내리는 일을 한다. 그 때문에 해구가 해저에서 오목한 지형을 이룬다. 해구는 아직 성년에 들어서지 않은 지향사라고 해도 좋을 것이며 얼마 안 가서 난니류(亂泥流)에 의해 퇴적물로 메워지는 운명에 처하게 될 것이다. 난니류에 의해 메워진 해구는 지향사가 되어 마침내 그곳에서 조산운동이 일어나 높은 산이 치솟아 오르게 되는 것이다.

## '찬' 지진과 '뜨거운' 지진

대류는 [그림 13]에서 보여주는 바와 같이 차가운 혀 모양으로 되어 맨틀 내로 들어간다. 대류가 맨틀로 흘러 들어가는 입구에 해당하는, 이를테면 일본 해구 가까이에서는 천발지진이 많이 일어난다. 이 가까이에서 일어난 지진의 본성은 재료역학에서는 취성파괴(rupture)라고 불린다. 취성파괴란 물질 가운데 있는 작은 상처가 원인이 되어 파괴가 급격하게 진행되는 현상을 말한다. 제2차 세계대전 중 북해와 같이 찬 수역(水域)에서 활약하는 배에 취성파괴가 일어났다. 이 때문에 특히 영국에서 취성파괴에 대한 연구가 많이 진전되었다. 그 결과 이를테면 온도가 낮을수록 취성파괴가 자주 일어난다는 것을 알게 되었다. 저온인 해구 가까이에서 일어난 〈찬〉 천발지진의 본성이 취성파괴라고 생각한 것은 이 때문이다.

이처럼 맨틀대류설은 중앙 해령과 해구 및 조산대에 대한 거의 모든 관측 사실을 잘 설명해 주고 있다. 그러나 이렇게 만능을 자랑하는 맨틀대류설로도 설명할 수 없는 하나의 관측 사실이 있다. 그것은 해구로부터 약 150㎞ 대륙 쪽에 들어와 자리 잡은 곳에서 볼 수 있는 활화산이다. [그림 13]에 나타낸 바와 같이 일본 해구 가까이에서 45° 각도로 맨틀 내로 잠입한 혀 모양의 찬 물질의 위 가장자리를 따라 심발지진이 일어난다. 그리고 [그림 11]에서 볼 수 있는 바와 같이 150㎞ 깊이에서 일어나는 지진대와 겹쳐지는 자리에 화산이 존재한다. 지진이 일어나는 면은 45° 정도 기울어져 있다. 따라서 해구 부분으로부터 대륙 쪽에 150㎞ 되는 곳에 활화산이 분포하고 있다는 것이다. 더구나 [그림 16]에 의하면 대체로 심발지진이 일어난 면에 따라 마그마가 발생한다는 것도 거의 확실한 사실이다. 그런데 마그마가 발생하고 활화산이 형성되기 위해서는 마그마가 발생한 부분에서 물질이 녹아야 한다. 즉 그 부분에서 '뜨거운' 지진이 발생해야 한다. 그런데 이때까지 되풀이하여 설명했듯이 심발지진이나 마그마의 발생은 맨틀 내로 들어간 혀 모양의 찬 부분의 위 가장자리에서 일어난다. 찬 부분의 위 가장자리에서 물질이 녹아 뜨거운 지진이 일어난다는 것은 도대체 어찌된 일인가. 이것이 맨틀대류설이 부딪히는 큰 난제다. 이와 관련하여 [그림 12]를 보면 앞에서 설명한 바와 같이 일본의 태평양 측에 있는 일본 해구 가까이에서는 지각열류량이 적다. 이 사실은 맨틀대류설로 뚜렷이 설명된다. 그러나 [그림 12]에서는, 이를테면 동해에서는 거의 전역에 거쳐 지각열류량이 20HFU이다. 즉 이곳은 지각열류량이 매우 크다. 지각열류량이 작은 해구에 이웃한 대륙 쪽의 부분에 지각열류량이 매우 큰 지역이 있는 것은 무슨 까닭일까? 이것 역시 맨틀대류설이 부딪히는 큰 난제다.

이 두 난제는 아마도 서로 어떤 연관성이 있을지도 모른다. 그러나 어쨌든 이 큰 난제가 갖고 있는 수수께끼는 깊고 풀기 힘들다. 우리는 6장에서 다시 이 수수께끼를 대하게 될 것이다.

# 2장

# 대륙은 이동한다

## 2장

# 대륙은 이동한다

    지구 내부의 맨틀에서는 대류가 일어나며 그 대류는 중앙영해 부분에서 솟아나와 그곳에서 좌우로 나누어져 수평으로 흐른다. 그리고 해구나 조산대 부분에서 밑으로 흘러 내려가 마침내 맨틀 내부로 되돌아간다. 즉 맨틀 표면 가까이에서의 대류의 방향은 중앙 해령에서부터 해구 혹은 조산대 쪽으로 흘러간다. 맨틀 내부로 흘러 들어간 대류는 맨틀의 기저부에서는 위에서 설명한 것과는 거꾸로, 즉 해구 또는 조산대에서 중앙 해령으로 향해 흘러 마침내 중앙 해령의 밑에 있는 맨틀의 기저에 이르게 된다. 그리고 이곳에서 다시 떠올라 중앙 해령에서 해구 혹은 조산대로 향하게 된다.

    이러한 맨틀대류를 생각함으로써 중앙 해령이나 해구 가까이에서 관측되는 거의 모든 사실이 거리낌 없이 설명된다. 그리고 해구에서 지향사를 거쳐 산이 솟아오르는 메커니즘이나 지질시대를 통해 되풀이되어 일어난 조산운동의 윤회에 대해서도 납득이 가는 설명이 주어진다. 그런데 맨틀대류설은 지구과학에서 더할 나위 없이 매력적인 이론인 대륙이동설에도 유리한 근거가 되었다. 맨틀대류설과 대륙이동설은 아름답고 장대한 지구상을 그려냈다.

## 맨틀대류를 타고 대륙은 이동한다

대륙이동에 대한 생각은 프랜시스 베이컨(Francis Bacon, 1561~1626)
까지 거슬러 올라간다. 그러나 지구과학의 대상이 되는 근대적인 대륙이
동설이 제창된 것은 1912년이었다. 그해 독일의 알프레드 베게너(Alfred
Wegener, 1880~1930)가 《대륙과 해양의 기원》이라는 저서를 발표하여 근
대적인 대륙이동에 대한 그의 생각을 세상에 알렸다.

베게너의 생각과 그의 대륙이동설이 오늘에 이르기까지의 운명에 대
해서는 《대륙은 움직인다》에서 자세히 설명했다. 여기서는 이야기를 이끌
어가기 필요한 문제에 한해서 그 내용을 살펴보기로 한다.

베게너의 이론은 대서양을 사이에 둔 남북아메리카 대륙과 유럽, 아프
리카 대륙의 해안선의 모양이 유사하다는 데서부터 출발했다. 해안선의
모양이 서로 닮았다는 점에 대해서는 [그림 4]를 참고해 주기 바란다. 지
구과학의 최근의 성과와 아울러 생각해 보면 그 유사성은 더욱 뜻깊다. 즉
[그림 4]에 나타낸 대서양 중앙 해령의 모양도 위에서 말한 해안선의 모양
과 비슷하다. 더욱이 대서양 중앙 해령이 그 이름에서도 알 수 있듯이 대
서양을 사이에 둔 두 대륙의 해안선 거의 중앙에 자리 잡고 있다는 것도
흥미로운 일이다. 이것을 다시 범위를 넓혀 말하면 [그림 5] 및 [그림 6]에
보인 많은 중앙 해령은 그와 이웃하고 있는 두 대륙의 거의 중앙에 자리
잡고 있다.

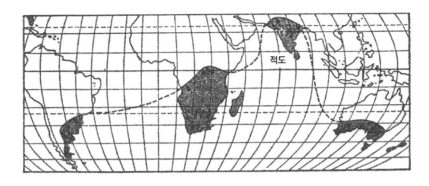

**그림 24 | 남반구 빙하의 분포**

　이러한 사실은 원래 이들 대륙이 중앙 해령 가까이에서 서로 접합하고 있었다는 것을 생각하게 한다. 시간이 지나 이 대륙의 밑에서 맨틀대류가 솟아올랐다. 솟아오른 대류는 그곳에서 헤어져 좌우로 흘러간다. 그때 그 위에 놓여 있던 대륙지각이 갈라졌다. 그 모양은 현재 중앙 해령의 축상에 형성된 열목과 비슷하다. 이렇게 생성된 두 개의 대륙괴는 맨틀대류의 벨트 컨베이어에 실려 운반되었다. 그리하여 맨틀이 거의 드러난 모양을 한 바다가 나타나게 되었다. 이렇게 대서양을 사이에 둔 대륙의 이동이 일어 났을 것이다. 결과적으로 보면 이러한 과정을 밟고 대서양이 탄생했을 것이다.

## 대륙이동설의 탄생과 죽음, 그리고 재생

대륙이동을 입증하는 사실로서 해안선 모양의 유사성 이외에도 베게너는 대서양을 사이에 둔 두 대륙의 접합부에서의 생물상이나 지질구조의 유사성을 들고 있다. 그것은 지금으로부터 3억 년 전의 페름·석탄기에 지구를 엄습했던 빙하시대 흔적의 분포다. 그때의 빙하 흔적의 분포를 현재의 세계 지도에 그려 넣어 보면 [그림 24]에 도시한 바와 같다. 검게 칠해진 부분이 빙하로 덮여 있었던 지역들이다. 그리고 그 지역 내에서의 화살표는 빙하가 흐른 방향을 표시한다. [그림 24]에서 보면 현재 적도 가까이에 있는 인도에도 빙하가 있었고 그러한 빙하의 흔적이 각 대륙에 흩어져 분포하고 있다. 이는 얼핏 보기에는 이해하기 곤란한 일인 것처럼 보인다. 그런데 대륙이동설이 주장하는 데 따라 원래의 상태로 이들 대륙을 모으면 [그림 25]에서 볼 수 있는 바와 같이 빙하의 흔적이 한곳에 모인다. 그리고 빙하가 흐른 방향도 한 지점에서 방사상으로 뻗어 나간 것이 된다. 베게너는 이것이 대륙이동의 뚜렷한 증거라고 생각했다.

어쨌든 지금으로부터 3억 년 전인 페름·석탄기에는 모든 대륙이 하나로 붙어 있었다. 그 후 이 대륙이 쪼개져 그 사이에, 이를테면 대서양이 탄생했다. 이러한 사실로부터 대륙이동을 일으킨 맨틀대류의 속도를 추산할 수 있다. 추산된 속도는 1년에 수 ㎝이다. 이는 엄청나게 느린 속도다. 그러나 지구과학은 몇 년이라는 시간을 대상으로 하는 것이 아니다. 1년에 2㎝의 속도라고 해도 이를 2억 년이라는 지질학적 시간에 적용하면 4,000㎞

적도

아시아

북아메리카

유럽

아프리카

인도

오스트레일리아

남아메리카

곤드와나 대륙

태평양

**그림 25 | 대륙을 모은다**

가 된다. 이는 대서양 너비의 약 절반에 해당되는 거리다.

그러나 《대륙은 움직인다》에서도 이야기한 바와 같이 베게너의 시대에는 맨틀대류와 같은 대륙을 움직이게 하는 원동력이 알려져 있지 않았다. 그 때문에 베게너의 대륙이동설은 더 이상 논의할 여지가 없어져 마침내 말살되었다. 앞에서 말한 바와 같이 베게너가 죽은 1930년보다 2년 전인 1928년에 홈즈가 맨틀대류설을 제창했다. 그러나 그 이론도 그다지 학자들의 주목을 끌지 못했다. 오늘날 손잡고 화려한 꽃을 피우기에 이른 두 이론이지만 그때는 빛을 보지 못했다.

이렇게 버림받은 대륙이동설을 되살아나게 한 것은 1950년대 초부터 본격적으로 연구가 시작된 고지자기학이다. 고지자기학의 원리에 대해서

**그림 26 | 극이동곡선**

는 《대륙은 움직인다》에서 설명했다. 그리고 이 책의 제5장에서도 다시 설명하려고 한다. 아무튼 오래된 암석의 자기를 조사함으로써 그때의 자극의 위치를 결정할 수 있다. [그림 26]은 이러한 연구로 얻은 결과를 도시한 것이다. 이를테면 북아메리카라고 표시한 곡선은 북아메리카 대륙에 분포하는 오래된 지질시대의 암석을 측정하여 결정된 각 시대에 따르는 자극을 연결하여 얻은 궤적을 나타낸 것이다. 현재의 자극이 지리상의 북극 가까이에 있음은 두말할 것도 없다. 그러나 시대가 오래되면 오래될수록 그때의 자극은 북극과 떨어져 있다. 그 모양을 나타낸 것이 [그림 26]이다. 그러나 [그림 26]에는 그런 자극의 궤적이 여러 줄 그려져 있다. 각 시대에 따르는 자극은 단 하나여야 하므로 각 대륙에 분포하는 암석을 측정한 자극의 궤적이 서로 다른 모양을 나타내는 [그림 26]은 이해하기 곤란한 그림이라고 해도 좋을 것이다. 이 문제점을 없애기 위해서는 각 시대의 자극이 하나로 되게끔 각 대륙을 서로 이동시키면 될 것이다. 이를테면 북아메리카의 암석에서 얻은 자극의 궤적을 유럽의 자료에서 추적한 자극의 궤적과 겹쳐놓기 위해서는 북아메리카를 동으로 이동시키면 될 것이다. 즉 옛적에는 북아메리카 대륙이 현재보다 동쪽에 있었다고 하면 된다. 이것은 베게너의 주장과 일치한다. 각 시대의 자극의 위치가 하나로 되게끔 각 대륙을 어떻게 이동시키면 되는가 하는 최종적인 결론은 아직 얻지 못했다. 그러나 대륙을 이동시키지 않으면 [그림 26]을 설명하기 곤란하다는 것만은 확실하다. 따라서 대륙이동설로서는 이것만으로도 충분하다.

## 새로운 증거 – 유럽과 아메리카

앞에서 말한 바와 같이 대륙이동의 증거로서 베게너가 제시한 것은 대서양을 사이에 둔 두 대륙의 해안선, 생물의 분포, 지질구조의 유사성 및 3억 년 전 빙하시대의 빙하 분포로서 알려진 고기후학적(古氣候學的) 자료였다. 그 후 1950년대 고지자기학적(古地磁氣學的) 자료가 대륙이동설의 구원자가 되었다. 그리고 때를 맞추어 앞 장에서 설명한 중앙 해령이나 해구에 대한 연구가 맨틀대류설을 지지하는 자료를 제공하기 시작했다. 지금에

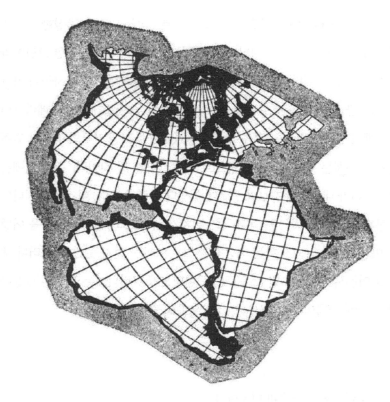

**그림 27 | 컴퓨터를 써서 대륙을 접합한다**

와서는 이 연구 자료들이 모두 맨틀대류설과 대륙이동설을 지지하기에 이르렀다. 여기서는 옛 대륙이동설을 지지하는 자료들에 대하여 설명하려고 한다.

베게너가 말한 남·북아메리카와 유럽·아프리카 대륙 사이의 접합을 더욱 근대적인 방법으로 해석한 연구가 있다. 그에 대하여 설명한 것이 [그림 27]이다. [그림 27]은 영국의 불러드(Edward C. Bullard, 1907~1980)와 그의 연구진들이 컴퓨터를 사용하여 작성한 이들 대륙을 접합한 결과다. 베게너는 현재의 해안선을 기준으로 두 대륙을 맞추려고 시도했으나 불러드 연구진들은 대륙사면까지를 육괴(陸塊)로 생각하여 그 부분에서 두 대륙을 맞추어 보려고 시도했다. 네 개의 대륙을 여러 모로 배치하고 컴퓨터를 사용하여 접합 부분을 점검하면서 이루어 놓은 최종적 결과가 [그림 27]이다. 바둑판무늬로 된 부분이 현재의 해안선을 경계로 한 대륙이며 연하게 칠한 부분은 대륙사면을 경계로 한 대륙붕이다. 그리고 이렇게 맞추었을 때 겹쳐진 부분은 까맣게 칠했고 비어 있는 부분은 하얗게 남겼다. [그림 27]을 보면 네 개의 대륙이 잘 들어맞으며 또 현재의 해안선으로 맞추는 것보다 대륙사면으로 맞추는 것이 더 잘 들어맞는다는 것을 알 수 있다.

대륙붕의 평균 깊이는 약 200m이다. 수만 년 전 지구상에 내습했던 빙하시대에는 이 대륙붕 부분이 수면상에 있었다. 빙하시대에는 바닷물이 얼음이 되어 대륙상에 옮겨졌기 때문에 바다가 그만큼 얕았던 것이다. 아무튼 대륙붕은 현재 해수면 아래에 있으나 원래는 육지라고 할 수 있는 부분이다. 이 점에 유의하여 불러드의 연구진들이 앞에서 설명한 바와 같은 결합을 시도했던 것이다.

불러드의 연구진에 의하면 약 900m의 등심선을 기준으로 하여 북아메리카, 그린란드, 영국, 유럽 및 아프리카를 연결 하면 [그림 28]과 같이 된다. 이는 다른 요소들에 대해선 전혀 고려하지 않고 다만 해안선의 모양만을 바탕으로 각 대륙을 맞추어 본 것이다. 그러나 이렇게 각 대륙을 맞

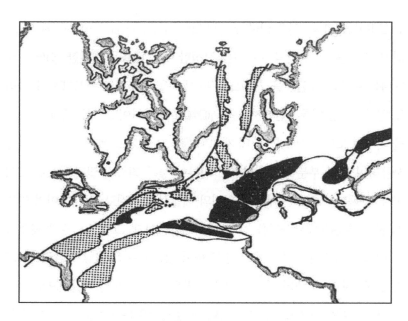

**그림 28 | 북대서양 지역의 접합**

출 수 있게 되면 그밖에 다른 이야기도 앞뒤가 맞아 들어간다. 이를테면 [그림 28]은 [그림 27]의 일부를 나타낸 것으로서 대서양이 없는 것으로 하고 이들 대륙을 맞추어 놓은 것이다. 그림에는 고생대(지금으로부터 2억 5,000만 년 내지 6억 년 전)의 조산대가 명시되어 있다. 점들로 도시한 부분과 까맣게 칠한 부분이 고생대에 조산운동이 일어났었던 부분을 나타낸 것이다. 그중 점들로 된 부분이 지금으로부터 3억 5,000만 년 내지 4억 7,000만 년 전인 고생대 초기 및 중기에 조산운동이 일어났던 지역이고, 까맣게 칠한 부분이 지금으로부터 2억 5,000만 년 내지 3억 5,000만 년 전인 고생대 후기에 조산운동이 일어났던 지역이다.

이 연대는 방사성원소를 사용하여 측정한 것이다. [그림 28]에 의하면 고생대에 조산운동이 일어났던 부분이 북아메리카의 애팔래치아(Appalachia) 산맥에서 시작하여 아프리카의 해안선을 스쳐 그곳에서 분열하여 두 갈래로 되었다. 한 줄기는 영국을 거쳐 그린란드와 스칸디나비아반도로 뻗었으며 다른 하나는 동진하여 유럽으로 뻗었음을 알 수 있다. 이렇게 고생대의 두 조산운동의 자국이 두 대륙에서 연관이 있다는 것을 잘 나타내고 있다. 이것은 이들 대륙이 고생대에 하나로 붙어 있었다는 대륙이동을 생각하지 않고서는 설명하기 곤란하다.

지금으로부터 3억 5,000만 년 전의 조산운동의 시기를 미국에서는 아카디언(Acadian), 유럽에서는 칼레도니안(Caledonian)이라고 부르고 있다. 또 지금으로부터 2억 5,000만 년 전의 조산운동의 시기는 미국에서는 애팔래치아(Appalachian), 유럽에서는 헤르시니아(Hercynian)라고 불리고 있다. 이들 조산운동에 대한 연구는 미국과 유럽에서 거의 독립적으로 행해졌다. 대서양을 사이에 두고 두 대륙에서 같은 시기 및 같은 지질현상을 갖는 연속 부분이 있으리라고는 아무도 예상할 수 없었다. 마침내 대륙이동이라는 생각이 나타나고, 방사성원소를 이용한 연대측정이 나옴으로써 이와 같은 두 대륙의 연관성을 찾을 수 있게 된 것이다.

## 곤드와나 대륙

베게너는 중생대 초, 즉 지금으로부터 2억 년 전에는 지구상의 모든 대륙은 하나의 거대한 대륙을 이루고 있었을 것이라고 생각했다. 이 거대한 대륙을 그는 판게아(Pangea)라고 불렀다. 그러나 오늘에 와서는 하나의 거대한 대륙이라기보다는 두 개의 거대한 대륙이었다고 생각하는 쪽이 무난한 것으로 알려져 있다. 즉 북쪽에 있었던 북아메리카, 유럽, 아시아 대륙의 대부분을 포함하는 로라시아(Laurasia) 대륙과 남쪽에 있었던 남아메리카, 아프리카, 아라비아, 인도, 오스트레일리아, 남극 대륙을 포함하는 곤드와나(Gondwana) 대륙이다. 이 두 개의 거대한 대륙 사이에는 지금의 지중해를 확대한 위치를 차지한 테티스(Tethys)해가 있었다. 앞에서 말한 것은 그중 로라시아 대륙의 연결에 관한 것이다.

남부의 곤드와나 대륙의 연결에 대해서도 새로운 자료들이 줄지어 나왔다. 이 자료들 가운데서 먼저 눈을 돌려야 할 것은 지층에 대한 조사다. 베게너가 대륙이동설을 제창함에 있어서 페름기와 석탄기에 생긴 빙하의

**그림 29 | 글로솝테리스(좌)와 강가몹테리스(우)**

70

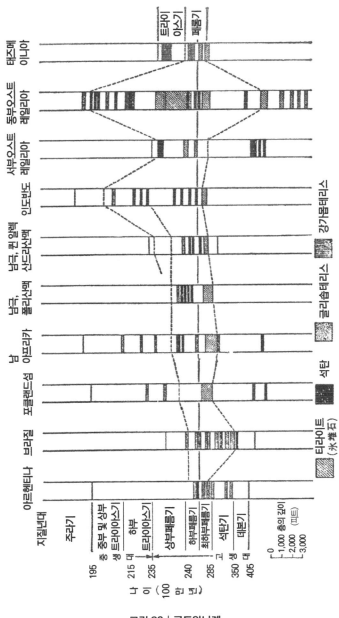

그림 30 | 곤드와나계

흔적을 유력한 증거로 내세웠던 것은 이미 이야기했다. 이러한 빙하의 흔적으로는 굳은 결정질 암석의 표면을 빙하가 할퀸 자국이나 빙퇴암(tillite)이라고 불리는 빙하퇴적물을 들 수 있다. 실제 곤드와나 대륙에 속하는 각 대륙에는 같은 시기의 지층 가운데서 빙퇴석이 발견된다. 이 지층 중에는 글로솝테리스(Glossopteris)와 강가몹테리스(Gangamopteris)라고 불리는 두 식물속의 화석이 발견된다. 그때 이 식물들이 그의 최성기에 달하고 있었던 것이다. 그들이 번성했던 증거로는 그와 같은 식물을 바탕으로 한 석탄기의 지층이 그 지층 가운데서 나타난다.

빙퇴석, 글로솝테리스, 강가몹테리스 및 석탄기의 지층을 협재하는 이들 지층은 곤드와나계(Gondwana system)라고 불린다. 곤드와나계의 지층은 곤드와나 대륙에 속하는 대륙의 이곳저곳에 분포한다. 그들의 분포를 비교한 것이(지층의 대비라고 한다) [그림 30]이다. 이것은 지층의 주상단면도라고 하는데 시추(試錐, boring)나 여러 가지 방법에 의한 지질조사로 얻은 자료를 종합하여 특징적으로 각 지층을 세분, 비교한 것이다. 각 주상단면도에서는 위에 있는 부분이 새로운 지질시대를, 밑에 있는 부분이 오랜 지질시대를 나타낸다. 양단에 있는 주상단면에는 각 부분의 지질시대가 적혀 있다. 그리고 옆으로 연결된 점선은 각 단면에서 같은 시대의 지층부분을 나타낸 것이다. 각 지역의 주상도 가운데서 전형적인 곤드와나계를 볼 수 있다. 남아메리카, 아프리카, 인도, 오스트레일리아 및 남극 대륙을 포함하는 곤드와나 대륙의 존재는 의심할 여지가 없다.

## 남아메리카와 아프리카, 남극과 오스트레일리아, 오스트레일리아와 인도의 연결

[그림 31]은 미국 매사추세츠 공과대학(MIT) 헐리(P. M. Hurley)의 연구진이 남아메리카와 아프리카에서 측정한 연대 결정의 결과다. 20억 년보다 오랜 암석의 분포 지역이 엷게 칠해져 있다. 그런데 대륙이동설에 따라 두 대륙을 맞추어 보면 그들의 연대를 나타내는 등고선이 잘 들어맞는다. 특히 남아메리카의 동쪽에 튀어나온 부분에서 아프리카 대륙과 연결되는

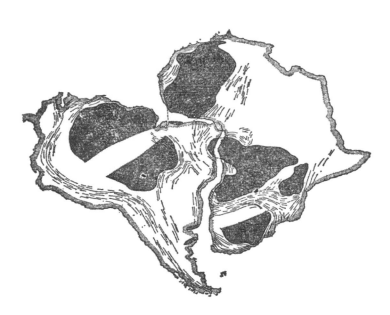

그림 31 | 남아메리카와 아프리카의 연결, 엷게 칠한 부분의 연령은 20억 년 이상, 지질구조의 주향을 선으로 도시했다

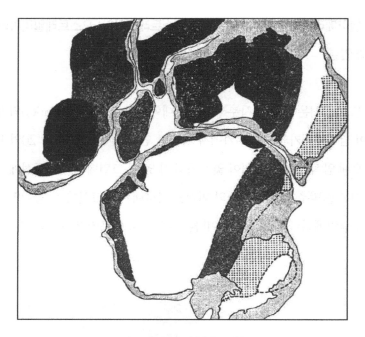

**그림 32 | 곤드와나 대륙의 결합**

오래된 암석이 남아 있는 것이 인상적이다. [그림 31]에서 가는 선으로 나타낸 것은 그 부근의 지질구조의 주향이다. 두 대륙을 연결한 부분에서 이들 주향도 잘 들어맞는다. 또 그림에는 표시하지 않았으나 두 대륙에서의 망간, 철, 금 및 주석 광상의 분포도 잘 연결된다. 따라서 두 대륙이 이러한 배치로 연결되어 있었으리라는 증거는 충분하다.

곤드와나 대륙에 속하는 각 대륙의 연결 방법은 세밀한 부분에 대해서는 지금까지 일치된 견해를 얻지 못했다. 즉 대륙을 연결함에 있어서 학자에 따라 매우 다른 견해를 가지고 있기 때문이었다. 그 가운데서도 가장 엉성하게 맞추어진 것은 남극 대륙이었다. 남극 대륙의 배치가 학자에 따라 거의 180° 방향이나 다른 경우도 있었다. 남극 대륙에 대한 자료가 최근에 이르기까지 얼마 되지 않았다는 것을 생각하면 당연한 일인지도 모른다. 그러나 자료가 점차 많아짐에 따라 곤드와나 대륙의 배치에 관한 문제는 마침내 결말이 났다. [그림 32]에 나타낸 것이 현재 가장 올바른 추정이라고 믿어지는 배치인 것이다.

이 그림은 1,000m 깊이의 등심선을 바탕으로 대륙을 연결한 것이다. 이 그림을 보면 남극 대륙이 현재와는 거의 180° 돌려져 놓여 있음을 알 수 있다. 즉 현재 동쪽에서 인도양에 면한 부분이 [그림 32]에서는 서쪽에 놓여 있다. 그리고 현재 서쪽에 놓여 대서양에 면한 부분이 [그림 32]에서는 동쪽에 와 있다.

[그림 32]에서는 같은 연대의 지층이 분포하는 지역이 같은 무늬로 그려져 있다. 이 그림을 보면 오스트레일리아 대륙과 남극 대륙이 그림의 왼쪽에서 오른쪽을 향해 성장해 간 것을 알 수 있다. 그리고 앞에서 말한 바와 같이 그때의 남극 대륙은 현재와는 거의 180° 회전한 위치에 있었다. 따라서 남극 대륙이 현재와 같은 자리를 잡고 있다는 것은 남극 대륙이 동쪽에서 서쪽으로 성장해 갔다는 말이 된다. [그림 32]를 보면 오스트레일리아 대륙의 서에서 동으로 향한 성장과 남극 대륙의 동에서 서로 향한 성장이 나란히 진행했음을 알 수 있다. 이것은 이 두 대륙이 원래는 하나로 붙어 있었다고 생각하면 쉽게 이해될 것이다.

지금으로부터 2억 5,000만 년 전인 페름기 말, 즉 고생대의 말기 가까이까지도 남극 대륙의 서쪽 부분은 존재하지 않았다. [그림 32]에 보인 바와 같이 이 남극 대륙의 서쪽 부분은 두 대(帶)로 나뉘어진다. 동쪽에 가까운 내측대(內側帶)는 전캄브리아기와 캄브리아기의 지향사(地向斜)이고 외측대(外側帶)는 고생대 초의 퇴적물로 된 지향사다. 내측대는 약 5억 년 전인 캄브리아기 말 또는 오도비스기 초에 습곡을 받았고 화성암에 의해 관입되었다. 즉 내측대는 곤드와나 대륙에 속해 있었던 다른 대륙과 비슷한 역사를 가지고 있다. 이를테면 고배류(archaeocyatha)라고 불리는 전캄브리아기 시대의 생물화석을 함유하고 있다. 이것은 산호초를 만드는 산호와 비슷한 고생물의 화석이다. 내측대보다 좀 늦게 고생대 중엽 또는 말엽에 외측대는 변형을 받았고 화성암의 관입을 받았다. 그 후 이 부분은 빙하퇴적물이나 석탄 및 여러 가지 식물을 포함하는 전형적인 곤드와나계에 의해 덮였다.

오스트레일리아 대륙의 동부에서도 그와 거의 비슷한 역사가 나타난다. 즉 남극 대륙의 내측대와 연결되는 애들레이드(Adelaide) 지향사가 거의 남북으로 뻗고 있다. 이 지향사에는 전캄브리아기 말에서부터 캄브리아기에 이르는 퇴적층이 있으며, 이곳에서도 앞에서 말한 고배류 화석이 발견되었다. 애들레이드 지향사보다 조금 늦게 남극 대륙의 외측대에 계속되는 태즈먼(Tasman) 지향사가 형성되었다. 이 지향사에는 실루리아기 내지 데본기 초, 즉 지금으로부터 4억 년 전의 퇴적층이 쌓여 있다. 태즈먼 지향사의 조산운동과 화성활동(火成活動)은 3억 5,000만 년 전인 데본기 초

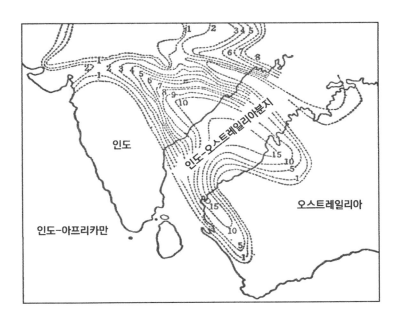

인도

인도-오스트레일리아분지

오스트레일리아

인도-아프리카만

**그림 33 | 인도와 서부오스트레일리아의 연결**

기로부터 중엽에 걸쳐 일어났다. 그 후 이 지역에는 남극 대륙에서와 같은 곤드와나계의 퇴적물로 덮였다. 이리하여 그보다 좀 늦게 남극 대륙과 오스트레일리아 대륙의 분리와 이동이 시작되었던 것이다.

오스트레일리아 대륙과 인도와의 연결에 대해서도 유력한 증거가 줄지어 나타나기 시작했다. 이를테면 [그림 33]은 오스트레일리아 대륙과 인도 및 그와 가까운 해역의 여러 곳에서의 페름기의 지층의 두께를 1,000피트 단위로 도시한 것이다. 지층의 두께를 나타내는 등후선이 두 대륙에서 잘 이어짐을 알 수 있다. 이것은 이들 대륙이 원래는 하나로 붙어 있었음을 말해 주는 것이다. 또 두 대륙에 거쳐 곤드와나계의 지층이 발견되며 그의 상부층에는 같은 생성원인 조개껍질을 함유하는 석회암 지층이 발견되었다. 그리고 북서오스트레일리아의 얌피 사운드(Yampi Sound)에서는 전캄브리아기에 속하는 줄무늬를 띤 철광상(鐵鑛床)이 발견되었다. 방사성원소에 의한 연령 측정 결과는 20~22억 년이다. 그런데 그와 마주 보고 있는 인도의 싱붐(Singhbhum)과 바스타(Basta)에도 같은 방사성 연령을 보여 주는 동일한 철광층이 발견되었다. 그리고 유명한 인도의 콜라르(Kolar) 금광상이 있는 탈왈(Taalwal) 조산대는 그와 마주 보고 있는 서부오스트레일리아에있는 칼굴리(Kalgoorlie)대와 잘 연결된다. 이 두 지역의 금광에서의 방사성원소에 의한 연대 측정 결과는 모두 24억 년이다. 이렇게 오스트레일리아 대륙과 인도를 [그림 33]에 도시한 것과 같이 연결한다는 것은 자연스러운 일이라고 할 수 있다.


## 대륙이동의 발자국

대륙이동의 이론에 따라 뿔뿔이 흩어진 대륙을 맞추어 보는 경우 그 접합의 원리가 될 수 있는 사실이 캐나다의 윌슨에 의해 알려졌다. 윌슨은 토론토 대학 지질학 교수다. 그는 물리학에 대한 이해와 지질학적인 통찰력을 갖춘 훌륭한 지질학자로서 대륙이동설과 맨틀대류설의 발전에도 크게 공헌했다. 그는 통찰력을 발휘하여 종종 시대에 앞선 지질학적 예언을

했다. 그 후의 연구에 의하여 그의 예언은 거의 적중했음이 밝혀졌다. 다음에 설명하는 변환단층(transform fault)이나 지자기(地磁氣)의 줄무늬에 관한 추측이 좋은 예다. 윌슨은 「지구과학에 있어서의 이러한 혁명에 최대의 기여를 한 것은 물리학을 익힘으로써 국부적이 아닌 전 세계적인 문제에 흥미를 갖고 있는 지질학자와 그와 비슷한 정신을 갖고 있는 물리학자였다.」라고 말했다.

월슨은 다음과 같은 사실을 지적했다. 중앙 해령상의 한 점으로부터 출발하여 그 양측에 해령이 뻗어 있는 경우가 종종 발견된다. 이를테면 대서양 중앙 해령상의 트리스탄다쿠나(Tristan da Cunha)섬 가까이에서 출발하여 남아메리카의 동해안으로 뻗은 리오 그란데(Rio Grande) 해령과 아프리카의 서해안으로 뻗은 왈비스(Walvis) 해령이 좋은 보기이다. 중앙대서양 해령상의 아이슬란드로부터 출발하여 서쪽으로 그린란드로 뻗은 해령과 동쪽으로 뻗어 영국을 거쳐 유럽 대륙의 대륙붕으로 연결되는 해령도 또 하나의 좋은 보기이다. 이러한 해령은 측방으로 뻗는 해령이라고 불린다. 이러한 해령은 중앙 해령에서 솟아올라 좌우로 흘러가버린 맨틀대류의 자국일 것이라고 윌슨은 생각했다.

이것은 중앙 해령에서 출발하여 좌우로 헤어진 두 마리의 달팽이가 지나간 자국과 같다. 만약 이 추측이 맞다면 두 마리의 달팽이가 기어가서 닿은 두 끝은 원래는 하나였을 것이다. 베게너가 제창한 원래의 대륙이동설에서는 분열한 대륙을 서로 맞출 때 위에서 설명한 바와 같은 간단한 접합의 원리는 없었다. 중앙 해령으로부터 헤어져 측방으로 뻗은 해령은 낡은 대륙이동설의 이러한 결점을 보완해 준다. 실제로 위에서 기술한 원리를 바탕으로 남아메리카와 아프리카를 결합해 보면 베게너가 제창한 접합의 방법과 어김없이 일치한다.

이들의 측방으로 뻗은 해령을 따라서는 중앙 해령 부근을 제외하고는 활화산이 발견되지 않는다. 그리고 지진도 일어나지 않는다. 측방으로 뻗은 해령은 중앙 해령에서 생겨나 맨틀대류를 타고 측방으로 운반된 것이다. 그와 동시에 열이나 용암의 원천으로부터 멀어져 측방으로 뻗은 해령은 그의 활동에너지를 잃어버렸을 것이다.

[그림 5] 및 [그림 34]에 도시한 바와 같이 인도양에는 거의 직교하는 두 개의 중앙 해령이 있다. 하나는 남극 대륙과 아프리카 대륙 사이에 있는 부베(Bouvet)섬으로부터 동북으로 뻗어 수마트라에 이르는 중앙 해령이다. 다른 하나는 오스트레일리아 대륙과 남극 대륙 사이를 지나 서북쪽으로 뻗어 홍해에 이르는 중앙 해령이다. 이 두 중앙 해령에 의해 인도양은 네 부분으로 나누어진다. 나누어진 하나하나의 부분에 아프리카 대륙, 인도, 오스트레일리아 및 남극 대륙이 있다.

그런데 인도양에도 앞에서 설명한 것 같은 측방으로 뻗은 해령이 있다. 그중 한 조가 남극 대륙과 오스트레일리아 대륙을 연결하고 다른 한 조는 아프리카 대륙과 인도를 연결하고 있다. 이 측방으로 뻗은 해령에 의해 인도양을 둘러싼 대륙을 접합하는 방법이 더욱 분명해졌다. 이것은 대륙이동설을 위해서는 참으로 다행한 일이었다. 실제로 [그림 32]에 보인 바와 같은 네 개 대륙의 접합에도 다음에 설명하는 결과가 적용되는 것이

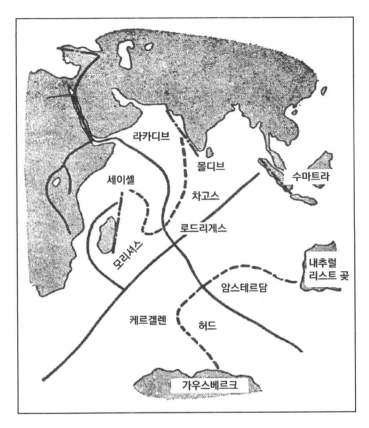

**그림 34 | 인도양의 측방으로 뻗은 해령**

다. 인도양에 있는 측방으로 뻗은 해령의 하나는 중앙 해령상에 있는 암스테르담(Amsterdam)섬, 케르겔렌(Kerguélen)섬과 허드(Heard)섬을 거쳐 남극 대륙에 있는 가우스베르크(Gaussberg)산맥으로 뻗는다. 그와 대응하는 측방으로 뻗은 해령은 같은 암스테르담섬으로부터 오스트레일리아산맥의 서남단에 있는 내추럴리스트(Naturaliste)곶으로 뻗는다. 따라서 남극 대륙과 오스트레일리아 대륙을 접합하려면 가우스버그와 내추럴리스트 곶이 맞붙게 해야 한다.

인도양 중앙 해령에서 측방으로 뻗은 다른 한 쌍의 해령은 중앙 해령 상의 로드리게스섬으로부터 출발한다. 북으로 향한 해령은 차고스섬과 몰디브(Maidives)섬을 지나 라카디브(Laccadive)섬으로 향한다. 이와 짝을 지어 측방으로 뻗은 해령은 역시 로드리게스섬으로부터 출발하여 모리셔스섬에 이르러 다시 북상한 다음 세이셸(Seychelles)섬으로 향한다. 이 해령이 모리셔스섬 가까이에서 북상하는 것은 마다가스카르섬 동안(東岸)에 있는 단층을 따라 일어난 단층운동에서 기인하는 것으로 알려져 있다. 즉 원래 모리셔스섬 서쪽에 있었던 세이셸섬이 이 단층운동에 의해 북방으로 이동하여 지금은 모리셔스섬의 북쪽에 자리 잡고 있는 것이다.


## 코리아리아는 말한다

베게너가 대륙이동설을 제창할 시초부터 대륙이동설은 고생물학과 깊은 인연을 맺고 있었다. 이를테면 대서양을 사이에 둔 북아메리카의 동부와 유럽 대륙 사이의 고생물분포에서의 유사성은 대륙이동설에 유리한 증거로 제시되었다. 최근에도 이러한 고생물학적인 세밀한 연구가 이루어지고 있다. 여기서는 그중 하나에 대해 설명하기로 한다.

그림 35 | 코리아리아의 분포와 고적도(古赤道)

[그림 35]는 도쿄 대학의 교수였던 마에가와 박사가 종합한 것으로 코리아리아 자포니카(Coriaria japonica)라는 식물의 분포도이다. 코리아리아는 일본에서 중부지방 북쪽에 분포하는 식물인데 높이 1m에 못 미치는 낙엽관목(落葉灌木)으로써 강가나 절벽 등의 양지 쪽에서 잘 자란다. 그 붉은 열매는 오래되면 검게 된다. 이 열매는 단맛이 있으나 독성을 가지고 있다. [그림 35]는 마에가와 박사에 의해서 독특한 방법으로 그려진 것인데 이를테면 아메리카 대륙이 그림의 양쪽에 두 번 그려져 있다. 이렇게하면 좌우를 보지 않고서도 식물분포의 연속적인 연결이 직감적으로 떠오르게 된다. 그림에서 엷게 칠한 부분이 코리아리아가 현재 분포하고 있는 지역이다. 다만 시베리아의 분포는 올리고세로부터 마이오세에 이르기까지의 지층에서 발견되는 화석을 바탕으로 한 것이다.

[그림 35]를 보면 코리아리아는 곡선에 따라 분포하고 있음을 알 수 있다. 그런데 이 가운데 남북아메리카 대륙에서는 그 곡선을 서쪽으로 밀리게 한 점선으로 된 곡선 쪽이 코리아리아의 분포를 보다 잘 나타내고 있

다. 이는 남북아메리카 대륙이 서쪽으로 이동했음을 의미하는 것이다. 따라서 이동하기 전의 상태를 생각하면 [그림 35]에서 실선으로 표시한 곡선이 코리아리아의 분포를 잘 나타낸 것이 된다.

그런데 이 실선은 대체 어떠한 뜻을 갖는 것일까? 이 실선은 현재와는 달리 북극이 태평양에, 남극이 인도양의 남쪽에 있었다고 하는 경우의 적도를 나타내고 있다. 앞에서도 설명한 바와 같이 지구의 극이 지질시대와 함께 이동했다고 하는 증거가 있다. 따라서 [그림 35]는 어떤 오랜 시대의 적도를 표시하는 것이 된다. 이를 고적도(古赤道)라고 부른다. 다시 말하면 코리아리아는 고적도에 따라 분포하고 있었던 것이다.

여러 가지 증거로부터 이 고적도는 대륙이동 이전인 고생대 말엽의 고적도라 추정된다. 그런데 [그림 26]에서도 나타낸 것처럼 극이동의 궤적은 각 대륙마다 달리 나타난다. 이것이 대륙이동의 증거가 된다는 것에 대해서는 이미 설명했다. 그런데 [그림 26]에 보인 극의 궤적 가운데는 일본에서 얻은 자료를 바탕으로 하여 얻은 궤적만이 코리아리아의 분포와 일치하는 고적도를 가리킨다. 즉 고생대 말기에 태평양에 있었던 북극을 가리키는 것은 일본에서 얻는 자료뿐이다. 이것을 달리 해석하면 [그림 26]에 그려진 대륙 가운데서도 고생대에서 오늘에 이르기까지 대륙이동을 하지 않은 것은 일본뿐이라는 말이 된다.

그러면 왜 코리아리아와 같은 식물이 고적도에 따라 분포하는 것일까? 이에 대하여 캘리포니아 대학의 액셀로드 교수는 다음과 같이 생각했다. 모든 새로운 식물은 적도를 중심으로 한 어떤 너비 안에 있는 산지에서 발생한다. 그러한 곳에서는 기온을 비롯한 여러 가지 환경의 변화가 뚜렷하여 염색체의 이상이 일어나기 쉽기 때문이다. 이렇게 발생한 새로운 식물의 종은 천천히 주변 지역에 퍼져 간다. 극의 이동이나 지각변동에 따라 고적도에 연한 곳에서도 기후의 변화가 일어나 이 새로운 환경에 적응할 수 없는 것들은 멸망한다. 이를테면 시베리아에서 발견된 코리아리아의 화석이 그러한 결과다.

어쨌든 식물의 분포는 그가 탄생한 고향의 기록을 언제까지나 보존하고 있는 것이다. 이 때문에 식물은 고적도에 따라 분포하게 된다. 다시 말하면 코리아리아의 분포는 극의 이동과 대륙의 이동을 말해 주는 것이다.

3장

# 실험실에서 관찰한 맨틀대류

# 3장

# 실험실에서 관찰한 맨틀대류

맨틀 내부로부터 중앙 해령 부분으로 솟아올라 그곳에서 좌우로 나누어져 수평으로 흘러 해령 부분에서 다시 맨틀 내로 흘러 들어가는 대류가 맨틀 내에 존재한다. 이와 같은 대류를 생각함으로써 중앙 해령이나 해구 및 조산대에서 얻은 거의 모든 관측 사실이 설명된다는 것은 1장에서 이야기했다. 또 이러한 맨틀대류가 있으면 대륙의 대규모적인 이동이 일어난다는 데 대해서는 2장에서 설명했다. 2장에서 설명한 대륙이 이동했다는 증거는 지금에 와서는 충분히 갖추어져 있다.

이 장에서는 이야기를 돌려 물리학과 수학적인 방법으로 실험실과 연구실에서 얻은 자료에 대하여 설명하기로 한다. 먼저 두께 1㎜에 불과한 점성을 가진 액체 중에서 열대류(熱對流)가 두께 3,000㎞에 달하는 맨틀 내에서의 열대류를 틀림없이 재현한다는 데 대해 설명하려고 한다. 실내 실험의 장점은 조건을 여러 가지로 바꾸어 실험할 수 있다는 것과 같은 실험을 되풀이하여 그 진상(眞相)을 포착해 낼 수 있다는 데 있다. 열대류에 대해서도 이러한 정밀한 실험을 되풀이하여 얻은 결과를 이용하여 맨틀대류의 본질을 파헤칠 수 있는 것이다.

켈빈(Lord Kelvin, William Thomson, 1824~1907) 경이 말한 것과 같이 수학적 방법으로 표현되었을 때 비로소 어떤 현상은 완전하게 이해되었다고 할 수 있을 것이다. 열대류의 실험 결과를 이러한 수학적 방법으로 표현하려고 시도한 것은 레일리(Rayleigh, John William Strutt, 1842~1919) 경이었다. 레일리 경의 시도는 완벽을 기했으며 맨틀대류에 대해 생각하는 경우 우리는 그가 세운 이론의 테두리를 벗어나서는 생각할 수 없을 정도다.

이 장에서는 열대류의 실험과 레일리 경의 시도에 대하여 설명하기로 한다. 이렇게 얻은 결과를 이용하여 맨틀대류의 본질을 이해하려는 것이 이 장의 목적이다.


## 베나르의 실험

열대류에 관한 실험적 연구는 1900년 프랑스의 앙리 베나르(Henri Bénard, 1874~1939)의 연구에서 시작되었다. 그의 이름을 기념하여 열대류에 의해 만들어지는 소용돌이를 베나르 소용돌이라고 부른다. 베나르는 깊이 0.5~1mm의 고래 굳기름이나 파라핀의 막을 철제 원통 위에 놓고 그 원통을 밑에서 수증기로 가열했다. 원통의 높이는 8㎝, 지름은 20㎝였다. 즉 베나르의 실험에서는 원통 위에 놓인 얇은 막이 열대류가 일어나는 유체층(流體層)이며 철제 원통은 유체를 밑에서 가열하는 열원의 역할을 한 것이다.

베나르의 실험에서는 원통을
가열하기 시작하면 그 원통에 접
한 유체의 밑바닥에 상승의 중심
이 불규칙하게 생긴다. 상승의 중
심이란 그곳에서 유체가 솟아오
르는 부분이다. 뒤에 설명하는 것
처럼 대류가 안정화되면 위에서
보았을 때 [그림 36]과 같이, 옆에
서 보았을 때의 단면은 [그림 37]

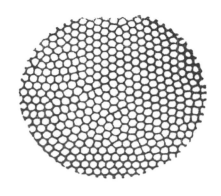

**그림 36 | 위에서 본 베나르 소용돌이**

과 같은 소용돌이가 형성된다. 이때 [그림 36]에서 육각형의 중심에 해당
하는 부분이 위에서 말한 상승의 중심이 된다. 그리고 [그림 37]에 보인 단
면도에서 상승의 중심은 각 소용돌이의 중심부를 가로지르는 연직선(鉛直
線)이 된다.

어쨌든 소용돌이는 그 수가 갑자기 증가하여 서로 충돌하고 또 변형된
다. 충돌할 때마다 거의 연직 방향의 벽이 형성된다. [그림 37]에서 말하
면 각 소용돌이의 경계에 점선으로 표시한 연직선이 바로 그것이다. [그림
37]에 보인 바와 같이 벽의 양측에서는 소용돌이의 회전 방향은 거꾸로 된
다. 이렇게 하나하나의 소용돌이는 다각형에 가까워진다.

생물의 세포구조와 비슷하다고 해서 이 소용돌이는 세포라고도 불린
다. 소용돌이의 수가 많아지면 작은 소용돌이는 없어지며, 소용돌이의 수
가 너무 적어지면 큰 것이 분열한다. 위에서 보면 사각형에서 칠각형에 이

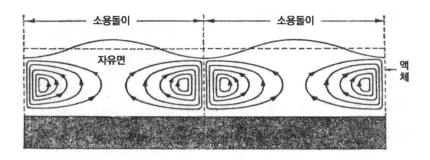

**그림 37 | 베나르의 실험**

르는 불규칙적인 세포구조가 형성된다. 지금까지 이 상태에 이르기까지의
변환과정에 대해 상세하게 설명했으나 이 상태에 이르기까지의 시간은 뜻
밖에 짧으며 고래의 굳기름이나 파라핀 등에서는 약 10초에 불과하다.

다시 오랜 시간을 가열하면 소용돌이들은 서로 간섭하여 마침내 [그림
36]에서 보인 것처럼 위에서 보면 같은 크기의 정육각형의 세포가 형성된
다. 유체의 점성이 충분하지 않을 때는 외부로부터의 교란이 크게 작용하
며 약간의 교란이 원인이 되어 모처럼 만들어진 정육각형의 세포는 망가
지고 만다. 그리고 유체의 점성이 지나치면 세포 간의 간섭이 적어져 정육
각형이 생기지 않는다. 즉 정육각형의 소용돌이가 형성되기 위해서는 적
당한 유체의 점성도가 필요한 것처럼 보인다.

이렇게 만들어진 정육각형의 소용돌이는 매우 안정된 것이다. 이렇게
안정화된 소용돌이의 수직단면이 바로 [그림 37]이다. 화살표가 붙은 선은
흐름의 방향을 나타낸 것이다. 즉 유체는 육각형의 중심에서 상승하여 육각

형의 주변으로 향한다. 그리고 주변에서는 갑자기 밑으로 흐른다. 유체의 자유표면은 약간 울퉁불퉁한 면을 만든다. 그러나 이 울퉁불퉁한 정도는 매우 작아 베나르의 실험에서는 1㎛(1/1,000㎜) 정도였다. 이 작은 울퉁불퉁한 면을 조사하기 위해 베나르는 광간섭계(光干涉計)라고 불리는 매우 정밀한 광학계기를 사용하지 않으면 안 될 정도였다. 광간섭계를 사용한 베나르의 조사 결과는 정육각형의 소용돌이의 중심 부분에서는 자유표면이 낮고 또 주변부에서는 자유표면이 높다는 것을 알아냈다. [그림 37]의 자유표면의 모양은 이와 정반대로 그려져 있다. 그 이유는 다음에 설명하겠다.

자유표면에서의 온도도 어떤 분포를 나타내고 있다. 즉 온도는 정육각형 소용돌이의 중심부 즉 유체가 솟아오르는 부분이 가장 높고 소용돌이의 주변부, 즉 유체가 흘러 내려가는 부분이 가장 낮다. 따라서 온도가 낮아지면 정육각형의 꼭짓점이 먼저 굳고 다음에 주변부가, 끝으로 중심부가 굳는다.

온도 분포가 앞에서 말한 것처럼 되어 있는 이유는 곧 이해할 수 있다. 물체는 온도를 올리면 팽창한다. 팽창하면 밀도가 작아져 가벼워진다. 그리하여 가벼워진 것은 떠오르게 된다. 베나르 소용돌이의 중심부에서는 실제로 이러한 현상이 일어난다. 이와는 반대로 온도가 낮은 주변부에서는 밀도가 커져 무거워진다. 무거워진 체류(體流)가 유체 속으로 스며들어 가라앉게 되는 것이다. 베나르 소용돌이의 중심부에서 팽창이 일어나는 것을 생각하면 이 부분의 자유표면이 다른 부분에 비해 높을 것이라 생각된다. 그러나 앞에서 말한 바와 같이 실제로는 그 부분에서 자유면이 낮다.

이 문제점은 오랫동안 해결되지 않았는데 얼마 전에 비로소 유체의 표면장력이 이와 같은 현상을 일으키는 장본인이라는 것을 알게 되었다. 표면장력이란 비누거품이나 수은방울을 둥글게 하는 힘을 말한다. 실제로 베나르의 실험처럼 두께 0.5~1㎜ 정도의 유체에서는 이 표면장력이 크게 영향을 미치리라는 것을 생각할 수 있다. 유체의 두께가 두꺼워져 표면장력이 작용을 미치지 못하게 되면 베나르 소용돌이의 자유면은 그 중심부에서 높아진다는 것도 알게 되었다.

정육각형 소용돌이에 대해 베나르가 발견한 또 하나의 뚜렷한 사실은 정육각형의 한 변의 길이가 유체층의 두께에 비례한다는 것이다. 즉 유체층의 두께를 두껍게 하면 할수록 그때 생기는 정육각형 소용돌이의 한 변의 길이가 길어져 소용돌이는 커진다. 정육각형의 한 변의 길이와 유체층의 두께와의 비가 어떤가 하는 것은 표면에서의 미소한 조건에 따라 조금씩 달라진다. 그러나 대체적으로 이 비는 1 정도다. 즉 정육각형 소용돌이의 한 변의 길이는 유체층의 두께와 거의 같다. [그림 37]은 이런 현상도 고려하여 그린 것이다.

## 레일리의 이론

베나르의 실험을 최초로 이론적으로 검토한 것은 영국의 레일리 경이다. 레일리의 논문은 1916년에 발표되었다. 베나르의 실험과 레일리의 이론 사이에는 16년이라는 시간이 있다. 다음에 레일리의 이론에 대한 대략적인 내용을 설명하겠다.

먼저 베나르의 실험에서는 온도차가 유체의 운동을 일으키게 했다. 또 유체의 점성이 유체의 운동을 멈추게 하는 구실을 했다. 이 두 가지 작용이 균형을 이루었을 때 베나르의 실험에서 볼 수 있는 안정된 소용돌이가 형성된다.

레일리는 이 안정된 소용돌이가 형성되기 위한 조건을 이론적으로 구했다. 그가 얻은 결과에 따르면 대류가 안정되기 위해서는

$$R = \frac{\alpha \beta g h^4}{k \nu}$$

에서 주어진 값 R가 1,000에 가까운 일정한 값이면 족하다. 이 수는 레일리의 이름을 따서 레일리수라고 불리고 있다. 레일리수가 이 특정한 값보다 크면 대류는 불안정한 상태가 되어 베나르 소용돌이와 같은 규칙적인 모양의 소용돌이가 아니라 불규칙하게 흐트러진 이른바 난류가 일어난다. 또 R가 이 특정의 값보다 작을 때는 일단 일어났던 대류가 시간이 흐름에 따라 감쇠하여 마침내 없어져 버린다.

여기서 R의 식에 나온 여러 가지 기호의 뜻을 설명하면 $\alpha$는 유체의 부피팽창계수를, $\beta$는 유체층의 표면과 밑면 사이의 온도차를 유체층의 두께로 나눈 이른바 온도구배(溫度勾配)를 뜻한다. g는 중력의 가속도를, $h$는 유체층의 두께를 나타낸다. k는 유체가 열을 전달하는 정도를 나타내는 열확산율이라 불리는 양을 나타낸다. $\nu$는 유체의 동점성계수(動粘性係數)라고

불리는 양으로서 $\nu$가 클수록 유체의 점성이 크다. 예컨대 물에 비해 꿀의 $\nu$가 크다.

　이야기를 되돌려 R식의 분자에 나온 물리량은 모두 대류운동을 촉진하는 작용을 가지고 있다. 이와 반대로 R식의 분모의 물리량은 모두 대류를 멈추게 하는 작용을 가지고 있다. 이를테면 분자에 있는 부피팽창률 $\alpha$가 클수록 일정한 범위 내의 온도변화에 대한 부피팽창이 보다 커지고 그만큼 밀도변화도 커진다. 앞에서 설명한 것처럼 대류는 유체 내부의 여러 곳에서의 온도차로 인해 일어난다. 따라서 $\alpha$가 큰 유체일수록 대류가 더 잘 일어나는 것이다. 온도구배 $\beta$는 유체의 상하면의 온도차를 나타낸 것으로서 $\beta$가 크면 클수록 대류가 일어나기 쉽다는 것은 곧 알 수 있다. 중력의 가속도 g도 대류를 촉진하는 일을 한다. 유체 내부의 여러 곳에 온도차가 있을 때 그에 수반하는 부력이 대류를 촉진한다. 또한 부력은 g가 크면 클수록 커지기 때문이다. $h$가 클수록 대류가 일어나기 쉽다는 것은 물체가 클수록 본질적으로 불안정하다는 일반적인 원리와 같은 것이다. 다음에 R의 분모를 살펴보면 k가 큰 유체일수록 열을 보다 잘 전달하며 온도차나 밀도차가 생기기 힘들다. 이것은 대류를 멈추게 하는 일을 한다. 그리고 동점성계수가 큰 물체일수록 대류가 일어나기 힘들다.

　이상을 요약하면 R의 분자에 나타난 여러 가지 물리량은 대류를 일으키는 작용을 가지고 있고, R의 분모에 나타난 여러 가지 물리량은 대류를 멈추게 하는 작용을 가지고 있다. 이러한 상반되는 작용이 평형되어 R가 일정한 값을 가지게 될 때 안정된 대류가 일어난다는 것을 이해하게 될 것이다. 이와 마찬가지 방법으로 R가 크면 대류가 불안정하게 되고 R가 작아지면 대류는 멈추게 된다는 이유도 이해될 것이다.

여기서 얻은 이론적 결과는 베나르의 실험에서 얻은 사실과 잘 대응되는 것이다. 앞에서 설명한 것처럼 유체의 점성이 너무 작으면 외부로부터의 동요가 크게 미치며, 점성이 너무 크면 세포의 상호 간의 간섭이 작아져 정육각형의 소용돌이가 일어나지 않는다. 즉 다른 조건을 고정하면 정육각형의 소용돌이가 일어나기 위한 적당한 점성계수가 존재할 수 있을 것이다. 레일리의 이론은 이런 실험에서 얻은 사실을 잘 설명하고 있다. 레일리의 이론에 의하면 안정된 대류가 일어나기 위해서는 R가 어떤 정당한 값이어야 한다. 여기서 R의 식 가운데서 동점성계수 이외의 양을 모두 고정하면 레일리수가 일정하다는 것을 나타내는 식 자체가 바로 적당한 동점성계수의 값을 주게 되는 것이다.

레일리는 또 다른 뛰어난 이론적 결과를 유도해 냈다. 앞에서도 말한 바와 같이 대류가 안정되기 위해서는 레일리수가 어떤 일정한 값이어야 한다. 그런데 여기에는 다소 허풍이 섞여 있다. 좀 더 상세히 말하면 대류가 안정되기 위한 레일리수의 값은 대류의 파장에 따라 달라진다. 그런데 대류의 파장이란, 이를테면 [그림 37]에서와 같이 대류를 옆에서 본 경우 이웃한 소용돌이의 중심과 중심 사이의 거리를 뜻하는 것이다. 파장이 긴 대류일수록 폭넓은 대류를 의미하는 것이다.

레일리가 유도해 낸 결론에 의하면 안정된 대류가 일어나기 위한 레일리수의 값은 파장이 짧고 규모가 작은 대류 소용돌이에서도, 또 파장이 길고 규모가 큰 대류 소용돌이에 대해서도 아주 크다. 그러나 이 중간인, 어떤 파장의 대류 소용돌이에서 레일리수는 가장 작다. 뒤에서 설명할 1,000에 가까운 값의 레일리수는 이 최소의 레일리수를 가리키는 것이다.

그런데 안정된 대류가 일어나기 위한 레일리수의 값이 가장 작아지면 그에 대응되는 파장을 가진 대류 소용돌이가 최소의 온도차에서 일어난다. 즉 레일리가 유도해낸 이론적 결과에 의하면 조건에 따라 어떤 특정한 파장을 갖는 베나르 소용돌이가 있어 이 조건 하에서는 그 파장의 베나르 소용돌이가 가장 일어나기 쉽게 된다. 레일리에 의하면 이 특정한 파장은 유체층의 두께의 약 2배다. 이것이야말로 베나르가 그의 실험에서 얻은 결과인 것이다. 베나르의 실험에서는 정육각형의 한 변의 길이가 유체층의 두께와 거의 비슷했다. 그런데 베나르 소용돌이의 파장은 정육각형의 한 변의 길이의 약 2배다. 따라서 레일리가 얻은 이론적 결과와 베나르가 얻은 실험적 결과는 서로 맞먹는 것이다.

대류가 올라오는 부분에서 온도가 높고 대류가 밑으로 흘러 들어가는 부분에서 온도가 낮은 것도 이론적으로 증명되었다. 이것도 실험 결과와 잘 맞아 들어간다. 그리고 대류가 떠오르는 부분에서 자유표면이 부풀어 오르고 대류가 가라앉는 부분에서는 오그라든다는 것도 이론적으로 증명되었다. 이것은 베나르의 실험 결과와는 반대의 결과다. 유체의 표면장력을 생각함으로써 이 차이가 해소된다는 점에 대해서도 앞에서 설명했다. 이렇게 해서 레일리의 이론적 연구에 의해 베나르실험의 물리적 문제가 해결되었다.

## 「공기의 뜨거운 물」과 「솔개와 유부」

뒤에 이야기하겠지만 베나르와 레일리에 의해 밝혀진 대류 소용돌이는 맨틀대류의 특성을 잘 설명해 준다. 그러나 그 이야기에 들어가기 전에 여기서 조금 옆길로 새어 보려고 한다. 데라다 도라히코(寺田寅彦, 1878~1935)가 쓴 「공기의 뜨거운 물」 및 「솔개와 유부」라는 두 유려한 글이 있다. 둘 다 대류 소용돌이의 특징을 잘 표현하고 있다.

「공기의 뜨거운 물」이라는 글은 1922년 5월에 쓰인 것인데 다음과 같이 시작된다. '여기에 공기 하나가 있다. 그 안에는 뜨거운 물이 가득 있다. 얼핏 보기에 그것만으로는 아무런 재미도 없고 이상할 것도 없는 듯이 보이나, 유심히 들여다보면 여러 가지 미세한 일들이 눈에 띄고, 여러 가지 의문이 떠오를 것이다. 단지 한 그릇의 뜨거운 물에서도 자연현상을 관찰하면 연구하기 좋아하는 사람에게는 매우 재미있는 이야깃거리가 된다.' 이야기는 먼저 공기에서 오르는 김에서 시작하여 마침내 이야기가 바뀌어 공기의 뜨거운 물속에서 일어나는 대류 이야기에 미친다.

'…… 그러나 뜨거운 물을 담은 공기 뚜껑을 덮어 두지 않았을 때는 뜨거운 물은 표면으로부터 식는다. 그런데 식어 가는 정도가 모두 같지 않으므로 곳곳에

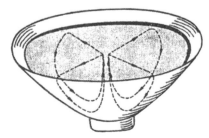

**그림 38 | 공기의 뜨거운 물**

특별히 찬, 이를테면 얼룩이 생긴다. 그러한 부분에서는 식은 물은 밑으로 내려가고 그 주변에 있는 비교적 뜨거운 표면의 물은 그 뒤를 따라 흐르게 된다. 그것이 내려간 물 뒤를 이을 즈음에는 식어서 밑으로 흘러내린다. 이렇게 하여 뜨거운 물의 표면에는 물이 밑으로 흘러내리는 부분과 위로 솟아오르는 부분이 이곳저곳에 생기게 되는 것이다. 따라서 뜨거운 물속에서도 뜨거운 부분과 비교적 찬 부분이 수없이 엉키게 되는 것이다.' '뜨거운 물이 식을 때 생기는 뜨겁고 찬 얼룩이 어떻게 되는가 하는 것은 다만 공기 속에서만 일어나는 문제가 아니고 이를테면 호수나 바닷물이 겨울철에 표면에서 차가워질 때는 어떤 흐름이 일어나는가 하는 것에도 관계된다. 그렇게 되면 여러 가지 실제적인 문제와 관련되는 것이다……' 그 다음에는 비행기에도 미치는 위험한 돌풍에 관하여, 그리고 해륙풍과 산곡풍 및 계절풍에까지 이르고 있다. 그의 글은 다음과 같이 끝맺었다. '공기 속의 뜨거운 물 이야기는 하려면 아직 얼마든지 더 있으나 여기서는 이 정도로 매듭을 지으려고 한다.'

베나르의 실험이나 레일리의 이론에 대해 이미 알고 있는 우리는 이 데라다의 글을 이해하는 데 곤란을 느끼지 않을 것이다. 레일리의 논문이 발표된 1916년으로부터 불과 6년 후에 쓰인 데라다의 글에서 물리학적 통찰력의 날카로움에 놀라지 않을 수 없다.

데라다의 다른 글 「솔개와 유부」는 1934년에 쓰인 것이다. 데라다는 먼저 100~200m의 높이를 날고 있는 솔개가 어떻게 지상에 있는 먹이, 이를테면 유부 조각을 발견할 수 있는가에 대한 의문을 던지고 있다. 이 경

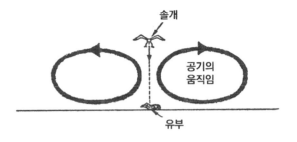

**그림 39 | 솔개와 유부**

우 솔개의 시각으로 인해 가능하다고 하면 솔개는 수 ㎛의 물체를 분별할 수 있는 능력을 가지고 있지 않으면 안 된다. 따라서 시각에 의한다는 것은 생각할 수 없는 일이다. 시각이 아니라면 후각은 어떨까. 그때까지의 연구에 의하면 새의 후각은 매우 둔하다고 알려졌다. 데라다는 그 증거를 일일이 검토해 보고 후각부정설의 근거가 뜻밖에 박약하다고 생각했다. 그래서 후각에 의한 것이라고 하면 문제는 어떻게 땅 위에 있는 유부 조각이 발산하는 가스를 함유한 공기가 희박해지지 않고 100m 상공까지도 도달하는가 하는 것이다.

여기서 데라다의 이야기는 베나르의 실험에 미친다. '이를테면 직사각형의 물통 바닥을 골고루 가열하면 열대류가 생긴다. 그때 용기 내에서의 물의 운동을 수중에 부유하는 알루미늄 가루로 관찰해 보면 밑바닥에서 가열된 물은 결코 일정하게 떠오르지 않고 먼저 바닥을 따라 바닥 중앙에 모이고 그곳에서 너비가 좁은 판상(板狀)의 유선(流線)을 이루고 위로 솟는다. 그 결과 밑바닥에 직접 접하고 있던 물은 대부분이 너비가 좁은 상승부에 집중되어 거의 확산됨이 없이 상승한다. 만약 그릇 바닥에 한 방울의 색소를 놓으면 그것에서 발생하는 채색된 물줄기는 그릇 바닥을 따라간 후 이 상승류 속으로 뚜렷한 한 줄기의 선을 그리며 떠오를 것이다.'

이는 베나르 소용돌이의 특질을 잘 나타낸 글이다. 베나르 소용돌이를 나타낸 [그림 37]과 관련시켜 보면 그림에서 각 소용돌이의 중심부를 지나는 연직선의 바로 밑에 유부가 있고 그 바로 위에 솔개가 날고 있다고 생각하면 된다. 솔개는 이 흐름의 방향을 역으로 따라가 다이빙하여 정확하게 유부에 도달할 것이다.


## 베나르 소용돌이와 맨틀대류

앞에서 설명한 솔개를 생각하면서 다시 베나르의 실험과 레일리의 이론을 살펴보기로 하자. 그리고 이들 연구결과를 바탕으로 맨틀대류의 본질에 대해 생각해 보기로 하자. 베나르의 실험과 레일리의 이론에서 대류는 온도가 높은 부분에서 표면으로 솟아오르고 그곳에서 좌우로 갈라져 수평으로 흐르고 온도가 낮은 부분에서 다시 유체 안으로 흘러 들어간다. 맨틀대류의 경우에도 이와 똑같을 현상이 일어난다. 그리고 무엇보다도 이런 사실이 맨틀대류의 본질이 열대류라는 것을 뚜렷하게 말해 주는 것이다.

여기서 대류가 솟아오르는 부분이 온도가 높고 대류가 밑으로 흘러 들어가는 곳이 온도가 낮다고 한 것에 대해 좀 더 상세히 설명하려고 한다.

대류가 존재하지 않는 경우에는 맨틀 내의 온도는 지구 표면에서의 깊이만으로 결정된다. 즉 이 경우에 이를테면 중앙 해령의 부분에서 지구 표면으로부터 100㎞ 깊이의 점과 해령 부분에서도 마찬가지로 지구 표면으로부터 100㎞ 깊이에서의 온도는 같아진다. 그런데 대류가 일어나면 그렇지 않다. 지구 표면으로부터 같은 깊이에서의 온도는 곳에 따라 조금씩 달라지는 것이다. 즉 같은 깊이에서도 이를테면 중앙 해령 밑에서의 온도가 해구 밑 부분보다 높은 것이다. 이것이 앞에서 설명한 현상의 정확한 상태다.

액체의 표면장력을 문제로 삼지 않는 경우에는 대류가 솟아오르는 부분에서 액체의 자유표면이 커지고 또 대류가 밑으로 흘러 들어가는 부분에서 자유표면이 낮아진다. 맨틀대류의 경우에도 이와 똑같은 현상이 일어난다. 즉 중앙 해령은 높고 해구는 낮다. 이것도 역시 맨틀대류의 본질이 열대류라는 것을 뜻하는 것이다. 그리고 대류가 솟아오르는 부분에서 액체의 자유표면이 높아지는 것은 그 부분의 온도가 높기 때문이다. 즉 온도가 높기 때문에 열팽창이 일어나며 그 때문에 자유표면이 높아지는 것이다.

레일리의 대류 이론에 의하면 대류가 솟아오르는 부분과 밑으로 흘러 들어가는 부분 사이의 거리는 대류층의 두께와 거의 같다. 맨틀대류의 경우 이를테면 대서양의 해저 밑의 맨틀대류가 솟아오르는 곳과 밑으로 흘러 들어가는 곳과의 거리는 수천 ㎞ 정도이다. 따라서 대류층의 두께도 이 정도가 될 것이다. 맨틀의 두께는 3,000㎞나 되므로 이런 점에서도 타당하다. 즉 맨틀의 크기에 꼭 들어맞는 크기의 대류가 맨틀 내에서 일어나고 있다고 할 수 있다.

## 지구의 점성은 깊을수록 크다

레일리의 이론에 따르면 안정된 대류가 일어나기 위해서는 앞에서 정의한 레일리수 R가 $10^3$ 정도의 크기여야만 된다. R의 정의식에서 나온 여러 가지 물리량에 대한 맨틀 내에서의 대략적인 크기는 알고 있다. 이들 값을 R의 정의식에 대입할 경우 과연 R가 $10^3$ 정도 될 것인가.

실제로 계산해 보면 R는 $10^3$을 훨씬 넘는 $10^6$ 정도가 된다. 즉 R의 값이 안정된 대류가 일어나기 위한 한계인 R의 크기의 수천 배가 되어 버리고 만다. 앞에서도 말한 것처럼 이 경우의 대류는 정상적인 흐름이 아니고 난류가 되어 버린다. 그러나 아무래도 맨틀 내에서는 난류가 아닌 안정된 열대류가 일어난 것 같다. 앞에서 산출한 맨틀 내에서의 물리량의 크기에 오류가 있는 것이 아닌가 싶은 생각이 떠오른다.

앞에서 말한 R의 계산에서는 맨틀 전체의 평균적인 동고점성계수의 값으로서 cgs 단위로 $3 \times 10^{21}$이라는 값을 사용하고 있다. 이 동점성계수의 값은 4장에서 기술할 스칸디나비아반도의 융기현상(隆起現象)으로부터 환산한 것이다.

여기서 다음과 같이 생각할 수 있다. 즉 지구 내부에서의 동점성계수의 값은 깊이에 따라 현저하게 달라진다. 그리고 스칸디나비아반도의 융기로부터 얻은 값은 지구 표면 가까운 곳의 값을 대표하는 것이다. 따라서 지구 내의 보다 깊은 곳에서의 동점성계수의 값은 그 수천 배에 달하는 것이 아닐까?

실제로 동점성계수의 값으로 앞에서 적용한 것의 수천 배를 쓰면 레일리수 R의 값은 앞에서 산출한 값의 수천분의 1, 즉 $10^3$ 정도가 된다. 다시 말하면 맨틀의 평균 동점성계수가 $10^{25}$ 정도이면 맨틀 내에서 안정된 대류가 일어날 수 있다. 그러한 조건이 지구 내부에서 갖추어져 있지 않을까? 레일리가 얻은 이론적 결과를 바탕으로 하면 이러한 생각이 우리의 머리에 떠오른다.


## 지구의 모양에서 추리되는 점성

점성에 관한 이론을 뒷받침하는 또 하나의 증거가 있다. 그것은 지구의 모양이다. 잘 알려진 것처럼 지구는 공처럼 둥글지 않고 남북방향이 좀 찌그러진 귤과 같은 모양을 하고 있다. 지구의 중심으로부터 적도 쪽을 향해 측정한 적도반지름이 극 쪽을 향해 측정한 극반지름 보다 약 20㎞ 길다. 즉 극반지름을 1이라 하면 적도반지름은 1보다 1/300 정도 크다. 이 1/300의 값을 지구의 편평률이라고 한다. 인공위성에서 정밀하게 측정된 지구의 편평률은 1/298.25이다.

지구가 남북 방향으로 좀 찌그러진 모양을 갖는 원인은 지구가 자전하고 있기 때문이다. 여기서 지구와 동일한 크기와 무게를 가진 물과 같은 액체의 구를 생각하고, 이를 현재의 지구와 같은 자전속도로 회전시켰을 때 그 편평률은 어느 정도일까? 이론적으로 그 편평률을 산출하면 약 1/300이 된다. 이는 실제로 관측되는 지구의 편평률 1/298.25과 근사하다. 따라서 지구가 남북 방향으로 찌그러진 것은 자전에 기인함을 알 수 있다. 지구는 고체이지만 오랜 시간(수십억 년)을 생각할 때 고체인 지구가 액체와 같이 동작할 수도 있을 것이다.

그러나 정밀성을 중요시하는 지구과학자들은 편평률의 이론값과 관측값 사이의 얼마 안 되는 차이가 마음에 걸렸다. 편평률의 관측값은 이론값보다 크고, 지구는 현재의 자전속도에 비해 너무나 찌그러져 있다. 왜 이렇게 되었을까? 이것이 다음 문제이다.

여러 가지로 조사한 결과 이 차이는 지구의 점성에 기인한다는 것을 알게 되었다. 이에 관해 좀 더 자세히 설명하면 다음과 같다.

지구의 자전속도가 점차 늦어져 하루의 길이도 점점 길어진다는 것이 알려져 있다. 원자시계를 사용하여 측정한 정밀한 연구 결과에 따르면 하루의 길이는 하루에 1억분의 2초씩 길어지고 있다. 아무튼 옛날에는 지구는 지금보다 빨리 자전하고 있었다는 것이 된다. 계산해 보면 현재의 지구는 지금

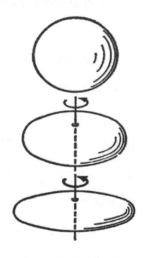

**그림 40 | 자전과 편평률**

으로부터 수백만 년에서 천만 년 전의 자전속도와 맞먹는 모양을 하고 있음을 알 수 있다.

즉 지구의 자전을 원인, 그 모양을 결과라고 생각한다면 원인과 결과 사이에는 수백만 년의 지연이 있는 것이 된다. 지구를 물과 같은 액체라고 생각하는 경우에는 이러한 시간적인 지연이 생기지 않는다. 시간적 지연이 생기는 것은 지구가 점성을 갖고 있기 때문이다. 이러한 생각을 바탕으로 지구의 동점성계수를 산출해 보면 앞에서 말한 cgs 단위로 약 $10^{25}$라는 값을 얻게 된다. 한편 앞에서 말한 것처럼 스칸디나비아반도의 융기로부터 추산된 지구의 동점성계수의 값은 $3 \times 10^{21}$이다. 즉 지구는 겉보기에 서로 다른 두 점성계수를 갖게 되므로 이상한 결과가 된다. 그러나 지구의 점성계수는 깊이에 따라 다르므로 수백 ㎞ 두께의 표층을 벗긴 지구의 실질부에서의 점성계수의 값이 $10^{25}$ 정도로 커졌다고 생각함으로써 이 문제점을 해결할 수 있는 것이다. 즉 맨틀대류설의 입장에서 우리가 추측한 지구 내부에서의 점성계수의 분포가 다른 독립된 증거로 입증된 것이다.

## 제트기류형의 열대류

이러한 점성계수를 가진 유체 내에서는 어떠한 열대류가 일어나는가. 그것을 이론적으로 조사하면 먼저 난류가 아닌 안정된 열대류가 일어나고 있음을 알 수 있다. 이것은 앞에서 예상했던 바와 같다. 다음에 대류의

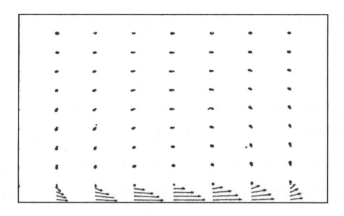

**그림 41 | 제트형대류**

상태를 백터도(圖)로 그려 보면 [그림 41]과 같이 된다. 백터도란 유체 내의 각 점에서의 속도 크기와 방향을 화살표로 표시한 것이다. 이 경우 속도의 방향을 화살표로 표시하고 속도의 크기에 비례하여 화살표의 길이를 가감한다.

 [그림 41]을 보면 점성계수가 작은 상층에서의 속도가 점성계수가 큰 하층에서의 속도의 10배나 된다는 것을 알 수 있다. 그리고 상층에서의 수평속도의 방향은 변함이 없으나 하층으로 내려갈수록 수평속도의 방향은 그와 반대 방향임을 알 수 있다. 이 반대 방향의 작은 흐름을 무시하면 점성계수가 작은 상층에 집중하고 중앙 해령에서 해구로 향하는 제트기류형의 납작한 대류가 일어나고 있는 것이다.

 6장에서 우리는 태평양에서의 맨틀대류의 상태가 여기에 그려진 것과 유사하다는 것을 알게 될 것이다. 즉 점성계수의 분포라는 새로운 지식을 적용하면 그에 의해 그려진 맨틀대류의 상태가 더욱더 사실에 가까워진다. 이러한 현상은 여기서 기술한 점성계수의 분포를 확고하게 보증할 뿐만 아니라 돌이켜 보건대 맨틀대류의 존재 가능성을 보증하는 것이다.

# 4장

# 흐르는 고체의 수수께끼

# 4장

# 흐르는 고체의 수수께끼

열대류에 관한 베나르와 레일리의 연구를 맨틀대류의 문제에 응용하려하는 경우 맨틀을 점성의 유체라고 생각하지 않으면 안 된다. 그런데 맨틀은 감람암[1] 같은 암석으로 되어 있는 고체다. 이를 유체라고 생각하는 것은 좀 지나친 생각이 아닐까? 맨틀대류의 이야기를 귀담아듣는 모든 사람이 이렇게 생각할 것이다.

그러나 우리는 상식적으로 고체물질이 어떤 조건 아래서는 유체와 같이 흐르는 예를 잘 알고 있다. 이를테면 터널 공사의 지주로 쓴 철봉이 시간이 흐르면 엿가락과 같이 휜다. 또 도로포장에 사용되는 피치(pitch)가 내리쬐는 여름 뙤약볕에 흘러내리는 것을 누구나 알고 있다. 그러나 피치로 만든 소리굽쇠는 두드리면 쨍 소리가 나고 콘크리트 바닥에 떨어뜨리면 깨진다. 한편 분명히 유체인 물도 때에 따라서는 고체와 같은 성질을 보여 준다. 이를테면 급격한 속도로 작은 물구멍에서 뿜어낸 물은 터널공사 때 암석을 파괴하거나 흙을 파는 데 사용되고 있다.

---

[1] 옮긴이: 초염기성의 화성암으로써 주로 감람석(Olivine)으로 구성되어 있다.

자연은 더욱 규모가 큰 실례를 우리에게 보여 준다. 「액체와 같은 동작을 하는 고체의 수수께끼」를 이 장에서 풀어 보자.


## 빙하는 액체처럼 흐른다

첫 번째 보기는 빙하이다. 빙하를 만드는 얼음은 두말할 것도 없이 고체다. 빙하에 생기는 크레바스(crevasse)라고 불리는 균열(fissure)과 빙하가 보여 주는 굴곡진 변형과 습곡은 얼음의 고체성에서 볼 수 있는 현상이라고 해도 될 것이다. 그러나 한편 빙하는 유체처럼 흘러내린다. 이렇게 빙하는 암석의 변형에 관해 조사하는 경우 가장 구체적인 예라고 할 수 있다. 이 문제에 관한 권위자인 챔벌린(R. T. Chamberlin)은 다음과 같이 말했다. 「암석의 변형에 관한 상반되는 여러 가지 이론 때문에 당황했을 때 나는 빙하에서 도움을 얻었다. 빙하는 우리 눈앞에서 일어나고 있는 가장 간단한 암석의 변형이다.」

빙하의 운동을 관측하기 위해서는 흐름과 직각 방향의 직선상의 얼음에 한 줄로 장대를 꽂고 그 위치의 변화를 관찰하면 쉽게 알 수 있다. 이 경우 빙하의 한가운데 부분이 양측 부분보다 빠른 속도로 흐르는 것이 관찰된다. 움직이는 속도는 사면(斜面)의 경사가 급할수록 커지고, 좁은 골짜기 사이에서는 속도가 커진다. 이러한 모든 현상은 얼음이 점성을 지닌 유체처럼 생각함으로써 해명된다. 측면의 벽에 접한 끈적한 부분에서 유체는

**그림 42 | 빙하**

벽에 들러붙은 것처럼 되어 속도가 매우 작아진다. 좁아진 부분에서 유체의 속도가 빨라지는 것은 유체역학에서 「연속의 법칙」이라고 불리는 법칙에 따른다. 또 이때 유체를 운동 상태로 만드는 원동력이 사면의 경사에 기인하는 중력에 의한 것임은 두말할 것도 없다. 이러한 증거에 더하여 이를테면 [그림 42]에서 볼 수 있는 것처럼 빙하의 뚜렷한 흐름을 나타내는 항공사진을 보면 빙하가 얼음의 유체성을 나타내는 실례임을 의심하는 사람은 없을 것이다.

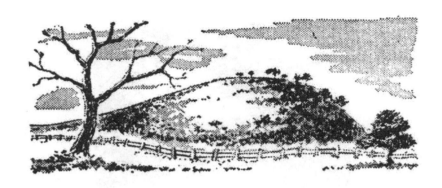

그림 43 | 드럼린

　가장 빠른 속도로 움직이고 있는 빙하는 그린란드에 있다. 그중 어떤 것은 여름에는 하루에 20m나 흐른다. 그러나 일반적인 빙하의 속도는 하루에 수 m 내외이다. 이를테면 세상에서 가장 큰 빙하인 남극의 비어드모어(Beardmore) 빙하의 속도는 하루에 1m 미만이다.

　얼음의 유체성을 보여주는 또 다른 예는 드럼린(drumlin)이라고 불리는 빙하지형이다. 드럼린은 고래 등 모양을 한 타원형의 언덕이다. 그 길이는 수백 m에서 수 ㎞에 달하며 높이 50m에 이르는 것도 있다. 북부아일랜드에는 다운(Down)에서 도니골(Donegal)만에 걸쳐 유선형의 드럼린이 몇만 개나 줄지어 있다. 드럼린은 얼음의 운동 방향으로 길게 뻗었으며 얼음의 흐름의 상류에 면한 쪽이 비교적 폭이 넓고 둥글며 꼬리 부분은 점차로 폭이 좁고 완경사를 이룬다.

　드럼린은 움직이고 있는 빙하와 빙하 바닥과의 경계면이 흐르는 빙하에 대한 저항이 가장 적게끔 만들어진 것이다. 이러한 점으로 보아 드럼린은 모래 위를 부는 바람에 의해 만들어진 사구와 해안과 하천의 모래사장 위를 흐르는 물에 의해 만들어진 모래 제방과 비슷하다. 그리고 물속에서 헤엄치는 고기나 고래의 앞쪽이 둥근 것과도 비슷하다. 더 일반적으로 말하면 어떤 유체가 다른 유체 위를 흐를 때 경계면에 만들어지는 파동과 모양이 비슷하다. 이러한 뜻에서 드럼린은 얼음의 유체성 구현의 하나라고 해도 될 것이다.

빙하는 보통 바깥쪽에 껍질을 가지고 있다. 껍질의 두께는 때로는 50m에 이르지만 보통은 이보다 얇다. 이 껍질은 유체라기보다는 탄성을 가진 고체와 같은 성질을 나타낸다. 크레바스가 형성되거나 뚜렷한 습곡이 생기는 것도 이 부분에서 이루어진다. 빙하의 껍질은 이를테면 수동적인 동작을 보인다. 즉 그 자체는 움직이지 않고 보다 깊은 부분의 흐름을 타고 운반된다. 이러한 뜻에서 빙하의 껍질은 지구의 지각과 비슷하다. 제2장에서 말한 바와 같이 지각은 유체라고 하기보다 탄성적인 고체라고 해도 될 것이다. 그리고 자체가 움직이지 않고 보다 깊은 곳에 있는 맨틀의 움직임으로 운반되는 것이다.

얼음의 유체성은 얼음 알맹이와 알맹이 사이에 있는 염분을 함유하는 물의 막에 기인한다. 염분을 함유하고 있기 때문에 녹는점이 낮고 따라서 그 부분이 액체 상태로 되어 있다. 그렇게 이 막이 알맹이와 알맹이 사이의 작은 운동을 가능하게 하는 것이다. 얼음이 있는 곳에 따라 압력이나 응력(應力; stress)이 다르면 응력이 큰 곳에서 물의 움직이기 쉬운 분자가 순간적으로 방출된다. 이렇게 해서 일어난 순간적인 물의 과잉상태가 알맹이와 알맹이 사이의 막에 전달되어 응력이 보다 작은 부분으로 이동해 간다. 그리고 그 앞부분에서부터 결정(結晶)된다.

이를테면 뒤에서 잃은 것을 앞에서 획득함으로써 얼음의 입자가 한 알 한 알 이동해 가는 것이다. 응력이 큰 곳에서 작은 곳으로의 이동은 알맹이 사이의 물뿐만 아니라 균열이나 전위(dislocation)면에 따른 역학적인 미끄러짐으로도 일어난다. 이것은 융단의 주름살이 이동하는 것과 같은 현상이다. 물의 막이나 전위의 이동에 대해서는 최근에 와서 전자현미경을 사용하여 상세히 연구되었다. 이러한 조사는 여기서 문제로 삼고 있는 암석의 유동현상의 본질에 대해서도 쓸모 있는 암시를 던져주고 있다.


## 암염돔

고체가 유체와 같은 성질을 나타내는 둘째 보기는 암염(巖鹽; rock salt)이다. 우리는 소금을 오직 바닷물에서만 얻을 수 있다고 생각하지만 미국, 러시아, 독일 등지에서는 암염이 많이 분포하고 있어 소금이라고 하면 산에서 파내는 것으로 흔히 알고 있다. 이 암염이 유체와 같은 성질을 나타낸다.

폴란드와 체코, 슬로바키아 부근에서 루마니아에 걸쳐 카르파티아(Carpathia)산맥이 호를 그리며 뻗어 있다. 1910년경에 이곳에서 돔(dome) 또는 배사(背斜; anticline) 모양을 한 암염이 그 위에 얹힌 퇴적암을 꿰뚫고

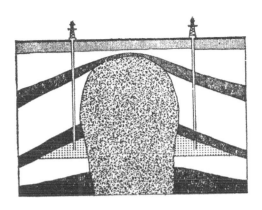

**그림 44 | 암염돔**

있는 것이 발견되었다. 그런데 배사란 습곡된 파상(波狀)의 영(嶺)에 해당하는 부분을 가리킨다. 그 후 이러한 암염이 수 km나 밑에 있던 암염층이 한데 뭉쳐 위로 밀어 올려 그 위에 있는 지층을 꿰뚫고 있음이 밝혀졌다. 이것은 다이어피르(diapir=piercement fold) 구조라고 명명되었다. 다이어피르란 꿰뚫는다는 뜻이다.

얼마 후 그러한 암염돔이 미국의 걸프 코스트(Gulf Coast)와 페르시아만에서도 수백 개나 발견되었다. 암염돔의 평균 지름은 3~5km이다. 또 꿰뚫고 올라온 암염돔을 둘러싸고 둥근 환의 모양을 한 오목한 곳이 만들어지는데 이를 '주연의 요지'라고 한다. 이 '주연의 요지'의 지름은 한가운데를 뚫고 나온 암염돔의 6~8배에 달한다는 것도 밝혀졌다.

암염층은 식염자원으로 유용할 뿐만 아니라 뜻밖에 경제적 가치가 있어 암염의 탐색에 박차를 가하게 되었다. 암염층이 흔히 배사구조를 이루고 있다는 것은 앞에서 설명했다. 그런데 이 배사구조가 석유를 수반하는 경우가 많다. 따라서 석유를 찾기 위해서는 먼저 암염을 찾으라는 것이 된다. 이렇게 석유를 채굴하기 위한 깊은 시추(試錐)가 수없이 이루어지게 됨으로써 암염돔의 연구에 큰 도움이 되었다. 그동안 밝혀진 내용 중 하나는 암염체 위에 있는 퇴적층의 두께가 암염돔의 지름과 거의 일치한다는 것이다. 앞에서도 말한 바와 같이 암염돔의 평균 지름은 3~5㎞이다. 따라서 암염의 덩어리는 지표에서 3~5㎞의 깊이에 있다는 논법이 된다. 대체 어떤 메커니즘으로 그런 깊이에 있는 암염이 그 위에 있는 퇴적층을 뚫고 지표에까지 나타나는 것일까? 이 현상에 대해 진지한 의론이 전개되었다.

최초에 발견된 유럽의 암염돔이 조산대 가운데에 많이 분포되어 있었으므로 암염돔을 형성하는 원동력이 그 주위에 있는 지층을 습곡하게 한 횡압력(橫壓力)이라는 생각이 먼저 제창되었다. 그러나 얼마 후에 발견된 미국의 걸프 코스트에 있는 암염지대의 지층은 바다 쪽으로 완만한 경사를 이루고 있을 뿐 조산운동에 의한 습곡의 흔적을 아무데서도 찾아볼 수 없었다. 따라서 횡압력에 의해 암염돔이 발달한다고 하는 이론은 곧 부정되기에 이르렀다.

## 암염도 흐른다

암염층의 다이어피르 구조가 발견된 바로 뒤인 1912년에 스웨덴의 유명한 화학자 아레니우스(Svante August Arrhenius, 1859~1927)가 오늘날 봐도 올바른 암염돔의 형성 이론을 발표했다. 그에 따르면 암염층의 위에 놓인 퇴적층의 밀도가 암염의 밀도보다 크면 단지 그것만으로도 암염돔이 생성된다는 것이다. 암염돔은 가볍기 때문에 부력으로 떠오르는 것이지 그밖에 횡압력을 필요로 하지 않는다는 것이 아레니우스의 주장이었다. 그의 주장에는 좀 이해하기 곤란한 점도 있었다. 퇴적층 속에 기다란 원통형의 암염이 있다면 그 암염은 부력으로 떠오를 것이다. 그러나 대체 그 암염의 원통이 어떤 메커니즘으로 만들어졌는지에 대한 반론이 제기되었던 것이다.

이에 대해 아레니우스는 다음과 같이 답변했다. 암염층과 그 위에 놓여 있는 퇴적층과의 경계면이 아무런 요철(凹凸)도 없는 기하학적인 평면일 수는 없다. 그런데 매우 작은 요철이 있기만 하면 그것이 씨앗이 되어 경계면이 위로 볼록한 부분에서 암염돔이 발달하리라는 것을 예상할 수 있다. 암염의 밀도가 그 위에 있는 퇴적층보다 작은 경우, 이와 같은 요철을 이룰 경계면을 가진 배치에 대해 물리학에서는 '불안정의 평형'이라고 한다. 마치 언덕배기 위에 놓인 평형된 돌과 같은 것이다. 이 평형상태가 조금이라도 무너지면 돌은 곧 언덕을 굴러 내려올 것이다. 그와 마찬가지로 불안정한 평형상태에 있는 암염층에 작은 동요를 가하면 평형상태가 무너져 그로부터 암염돔이 발달하기 시작한다는 것이다.

이 문제를 수리물리적(數理物理的)으로 추상화하면 다음과 같다. 어떤 밀도와 점착성을 가지고 있는 유체(암염)가 있고 그 위에 그와는 다른 점착성과 보다 큰 밀도를 가진 유체(퇴적층)가 덮여 있다. 그리고 그 경계면에 어떤 파장의 파형을 가진 요철이 생겼다고 하자. 여기서 파장이란 파의 산과 산 사이의 거리를 말한다. 이러한 시스템을 가진 본질적인 불안정성 때문에 파형의 요철은 차츰 발달한다. 이 문제를 수학적으로 조사해 보면 경계면의 요철 속에서 어떤 파장의 것이 특히 잘 발달함을 알 수 있다. 이 특별한 파장은 퇴적층의 두께의 거의 4배에 가깝다. 이것은 암염돔의 지름이 퇴적층의 두께와 거의 같다는 관측 사실과 잘 일치한다.

실험실에서 암염돔을 만드는 모형실험도 실시되었다. 이 모형실험에서는 앞에서 말한 암염돔의 가장자리의 오그라듦도 재현되었다. 실험 결과에 따르면 가장자리의 오그라든 전 범위의 지름은 돔 지름의 6~8배가 되었다. 이것도 앞에서 말한 관측 사실과 일치한다. 그리고 가장자리에서 오목하게 들어간 부분의 총부피는 솟아오른 암염돔의 총부피와 거의 같았다. 원래 위로 뚫고 나온 몸을 메운 암염은 거의 균일한 두께의 암염층의 돔을 중심으로 한 외측 부분에서 모인 것이다. 따라서 암염층이 없어진 부분에서는 돔을 둘러싼 오목한 부분이 생긴다. 이 빈자리에 퇴적층이 채워져 지표에서 볼 수 있는 가장자리의 오그라듦이 형성된다. 어쨌든 암염돔의 형성은 고체인 암염이 유체와 같은 성질을 나타냄을 더할 나위 없이 잘 설명해 주고 있다.

마지막으로 하나만 덧붙일 것은 보통 상태에서는 암염의 밀도가 퇴적물의 밀도보다 크다는 것이다. 따라서 이 경우 퇴적물이 위에 있고 암염이 밑에 있는 배지는 안정하다. 그러나 퇴적물이 점차 두껍게 쌓이게 되면 자신의 하중으로 퇴적층의 밑 부분이 압축되어 그 부분의 밀도가 커진다. 물론 이때 암염도 역시 압축된다. 그러나 암염에 비해 퇴적물 쪽이 더 압축되기 쉽다. 아무튼 이렇게 압축된 퇴적물의 밀도가 암염의 밀도를 넘으면 적어도 그 깊이에서는 이 같은 배치가 불안정해져서 암염돔이 생성되는 것이다.

여기서 설명한 것은 좀 역설적인 일면을 가지고 있다. 즉 퇴적물이 퇴적하여 두께가 두꺼워질수록 밑에 있는 암염이 떠오르기 더 쉽다는 것이다. 위에서 하중을 가하면 떠오르기 더 쉬워진다는 것이다. 앞에서 설명한 지향사의 발달도 이러한 역설적인 현상이 있었다. 이런 뜻에서 암염돔의 발달에 관한 연구는 지향사의 발달과정을 구명하는 데 큰 도움이 될지도 모른다.


## 빙하가 녹으면 지면이 솟아오른다

고체가 액체와 같은 성질을 나타내는 세 번째 예는 스칸디나비아반도의 융기다. [그림 45]는 스칸디나비아반도에서 100년 동안 육지의 융기량을 ㎝ 단위로 도시한 것이다. 융기 속도가 가장 빠른 곳은 스웨덴의 북부 보스니아(Bothnia)만의 안쪽이다. 그곳에서의 융기 속도는 1년에 약 1㎝이다. 이러한 융기는 요즈음에 시작된 것은 아닌 것 같다. [그림 46]은 최근 1만 년 동안의 융기량을 미터 단위로 표시한 것이다. [그림 45]와 [그림 46]을 비교하면 융기 속도가 대체로 일치하고 있다. 이 현상은 앞에서 말한 것을 입증하는 것이다. [그림 46]에서 구한 가장 활발한 곳에서의 융기량은 1

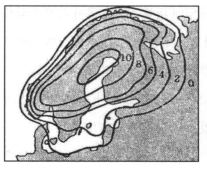
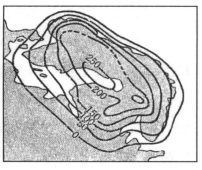

**그림 45 | 스칸디나비아반도**　　　　**그림 46 | 최근 1만 년간(m)의 융기**
　　　　　　　　　　　　　　　　　　　　　　(㎜, 1년당)

년에 약 2㎝이다. 이것으로 옛날에는 현재보다 융기가 활발했다는 사실을 알 수 있다. 지금으로부터 8천 년 전과 1만 년 전 사이의 2천 년간의 최대 융기량을 구해보면 6㎝가 된다. 이러한 융기는 2만 년 전에 시작된 것으로 밝혀졌다. 그때부터의 총융기량은 최대 500m에 달한다.

지금으로부터 2만 년 전이라고 하면 최후의 빙기(Wurüm 빙기)가 끝나 빙하가 녹기 시작한 때다. 따라서 스칸디나비아반도의 융기는 그때까지 얼음의 하중에 의한 봉압(封壓; confining pressure)[2] 하에 있던 지각이, 하중이 제거됨으로써 위에서 내리누르는 압력이 없어졌기(얼음의 하중만큼의 봉압) 때문에 떠오르기 시작한 것이라고 생각된다. 이를테면 점착성이 강한 물엿 표면에 쇳덩어리를 놓으면 밑 부분은 물엿 속으로 가라앉는다. 다음에 쇳

---

[2] 옮긴이: 지각 내 깊은 곳에서의 압력을 물속에서의 정수압(靜水壓)과 같은 뜻으로 쓴 것이다.

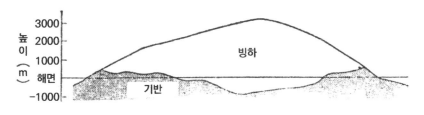

그림 47 | 그린란드의 빙하

덩어리를 꺼내면 한동안 물엿의 표면에는 오목한 쇳덩어리의 자극이 생기지만 얼마 안 가서 표면은 판판한 원래의 상태로 되돌아간다. 이와 똑같은 현상이 스칸디나비아반도에서 일어난 것이다. 따라서 스칸디나비아반도의 융기는 지구라는 고체의 유체성에 의해 일어난 것으로 생각할 수 있다.

이와 같은 융기가 북아메리카 대륙의 북반부에서도 일어났다. 이를테면 허드슨만의 북부 연안에서는 에스키모족 노인들이 어렸을 때는 볼 수 없었던 새로운 섬들이 나타났다는 것이다. 그 섬들은 에스키모족들이 그곳에 정착한 후 적어도 10m 이상 융기했다고 한다. 즉 1세기에 1m의 비율이며 이는 [그림 45]에서 보인 것과 거의 같은 비율이다.

스칸디나비아반도나 캐나다에서 일어난 현상과 반대되는 현상이 그린란드에서 일어났다. 그곳에는 최대 4,000m 두께의 빙하가 지면상에 얹혀

---

³ 옮긴이: 장차 그린란드를 덮고 있는 빙하가 녹으면 현재 해수준면하 1,000m까지 침강한 지반은 다시 융기하여 그린란드는 빙하로 덮여 있던 이전의 원상태의 지표면으로 되돌아갈 것이다.

그 무게 때문에 빙하 밑의 지면이 가라앉았다. [그림 47]은 이런 현상을 도시한 것이다. 남극 대륙에서도 그와 같은 현상이 일어났음이 밝혀졌다.[3]

고체가 유체 같은 성질을 보여주는 네 번째 예는 지구의 모양이다. 이에 대해서는 「지구의 모양에서 추리되는 점성」 절을 참조하기 바란다.


## 지질현상을 모형실험하다

자연현상 중에는 그것을 지배하는 근본적인 물리법칙을 알고는 있지만 각각 그 물리법칙을 간단한 수식으로 표현할 수 없는 경우가 많다. 복잡한 모양을 한 기계의 각 부분에서 응력(應力)의 분포나 복잡한 모양을 한 용기 속에서 흐르는 유체의 운동 등이 좋은 보기다.

또 다음과 같은 경우도 있다. 문제의 현상을 지배하는 근본적인 물리법칙의 구체적인 모양은 모르지만 그 현상을 일으키는 물리량이 무엇인가를 대략 알 수 있는 경우다. 이런 경우 흔히 쓰이는 방법이 모형실험이다. 예컨대 비행기 날개의 모양과 특성을 알기 위해 축소 모형을 만들어 이를 풍동(風洞) 내에서 실험한다. 다음에 그 실험 결과로부터 실제 날개를 만들었을 때의 특성을 추측한다. 댐이나 교량 또는 고층건물의 설계에도 마찬가지 방법이 쓰인다.

지구의 경우에도 이와 비슷한 방법이 쓰인다. 다만 이 경우에는 지구의 크기가 매우 크고, 지질현상이 일어나는 데 요하는 시간이 매우 길다는 것이 모형실험에서 마음에 걸리는 주된 이유다. 수백, 수천 km에 이르는 큰 규모의 현상이 수백만 년이라는 장구한 시간에 걸쳐 일어나므로 지구의 경우에는 현장에서의 관측(야외관찰)으로 지질현상의 진상을 포착한다는 것은 매우 곤란하다. 이런 경우 이를테면 수 m 크기의 모형을 만들어 몇 시간에 걸친 모형실험으로 지질현상의 본질을 알아보려는 것이 지질학자들의 오래전부터의 숙원이었다.

이런 종류의 실험은 19세기 말부터 실시되었다. 이를테면 윌리스(B. Willis)[4]는 1891~1892년에 여러 가지 종류의 석고나 밀납으로 층을 만들어 그 위에 산탄의 납 알맹이를 얹어 애팔래치아산맥 형성의 모형실험을 했다. 모형의 길이는 1m였다. 모형에 사용한 재료나 그에 얹은 납덩어리를 적당히 선택해서 자연에서 실제로 일어나고 있는 습곡이나 파괴를 재현할 수 있었다. 그러나 모형실험을 어떤 방법으로 하면 합리적인가 하는 데 대한 원리적인 파악이 없으므로 실험은 주먹구구식이었다.

이러한 주먹구구식에 과학적인 사고를 불어넣어 모형실험의 원리를 세워 이것을 최초로 지구과학에 응용을 시도한 것이 M. K. 허버트였다.[5] 1937년에 획기적인 그의 논문이 출판되었다.

---

[4] 옮긴이: "The mechanics of Appalachian structure," 13th onn., rep., U.S. Geological Survey 2, 211~83 (1893)

[5] 옮긴이: "Scale models and Geologic structures," Bull. Geol. Soc. Am., 48, 1459 (1937).

## 허버트의 이론

허버트의 원리를 간단하게 말하면 다음과 같다. 문제의 현상을 지배하는 기본적인 법칙을 알고 있다면 실험실에서의 모형도 마찬가지 기본적 법칙을 충족할 수 있도록 실험에서 쓰이는 여러 가지 물리량의 축척을 결정해야 한다. 이것이 허버트의 원리이다. 이것은 너무나 당연한 원리다. 그런데 이 경우 그 기본적인 법칙이 완전한 방정식으로 표현되지 못해도 상관없다. 다만 문제의 형상을 지배하는 물리적인 인자가 무엇인가 하는 것만 알면 된다.

모형과 실제 현상의 축척을 생각하는 경우 흔히 사용되는 기본적인 축척으로서 길이, 질량, 시간 등이 있다. 이를 각각 $l$, $m$, $t$라고 하자. 이를테면 실제 100㎞ 길이의 형상을 실험실에서 1m의 길이로 축소했다고 하면 이 경우의 $l$는 $10^{-5}$가 된다. 그리고 실제로는 100만 년에 걸치는 지질현상을 실험실 내에서 1/1,000년 즉 약 8시간에 실현하려고 하면 이 경우의 $t$는 $10^{-9}$가 된다.

이와 같이 기본적인 물리량의 축척을 정하면 다른 물리량의 축척도 쉽게 얻어진다. 이를테면 넓이의 축척은 $l^2$으로 되고, 부피의 축척은 $l^3$이 된다. 밀도는 단위부피당의 질량이므로 밀도의 축척은 $m/l^3 = ml^{-3}$이 된다. 그리고 속도는 단위시간당의 이동량이므로 그의 축척은 $l/t = lt^{-1}$이 된다. 이와 마찬가지로 가속도의 축척은 $lt^{-2}$가 되며 질량에 가속도를 곱한 것이 힘이라는 뉴턴(Isaac Newton, 1643~1727)의 운동법칙을 사용하면 힘의 축척은

$mlt^{-2}$가 된다.

힘의 축척에는 또 다른 표시 방법이 있다. 지질현상의 모형실험에서는 이러한 힘의 축척이 종종 사용된다. 다음은 그것에 대해서 설명하겠다.

여러 가지 힘 가운데서 지구의 인력은 좀 특수한 힘이다. 그것은 물체에 가속도가 생기게 하는 보통 힘과 같은 일을 하는 것 외에 물체의 무게를 만든다고 하는 아주 다른 작용을 가지고 있다. 여기서 설명한 지구인력의 제1의 작용을 살펴보면 힘의 축척의 표시법은 앞에서 말한 $mlt^{-2}$가 된다. 그런데 앞에서 설명한 지구인력의 제2의 작용을 살펴보면 힘의 축척은 mg가 된다. 여기서 g는 단위질량당의 무게의 축척을 나타낸 것이다. 단위질량에 해당하는 무게의 축척이란 이를테면 같은 1g의 질량을 실험실에 놓았을 때와 지구상의 어떤 곳에 놓았을 때의 무게의 축척비를 가리킨다. 지구상에서는 어디서나 지구인력의 영향을 벗어날 수 없다. 따라서 지구상의 실험실에서 실험할 경우 g는 반드시 1이 된다. 이것은 지구상에 살고 있는 우리의 이른바 숙명이라고 해도 될 것이다. 그런데 이를테면 실험실을 달 표면에 옮기면 단위질량당의 무게의 축척은 1/6이 될 것이다.

압력과 같은 단위넓이당의 힘을 응력이라고 부른다. 따라서 힘의 축척을 f라고 하면 응력의 축척은 $f/l^2$ $f/l^{-2}$가 된다. 물건의 탄성률이나 강도도 단위넓이당의 힘으로 표시된다. 따라서 탄성률이나 세기(강도)의 축척도 역시 $fl^{-2}$가 된다. 끝으로 물체의 점성계수는 시간에 응력을 곱한 것으로 표시된다. 따라서 점성계수의 축척은 $ftl^{-2}$가 된다. 이상은 응력, 탄성률, 강도, 점성계수 등의 축척을 길이, 질량, 시간의 축척 l, m, t 및 힘의 축척 f로 표시한 것이다. 여기서 앞에서도 말한 바와 같이 힘의 축척의 표시법에 두 가지 방법이 있다고 생각하면 응력, 탄성률, 강도, 점성계수의 축척의 표시에도 각각 두 가지 방법이 있다는 것을 알 수 있다.

여기까지의 논의에서는 물질의 역학적인 성질만 눈여겨보고 이야기했다. 물질의 열적인 성질이나 전자기적 성질을 합쳐 고려하면서 그와 같은 논의를 전개할 수도 있다. 그러나 여기서는 그런 문제까지는 들어가지 않기로 한다.


## 산을 만드는 실험을 설계하다

기본적인 고찰은 이만하고 다음에 몇 가지 실제적인 예를 들어 이 기본원리를 적용해 보자. 우선 너비 200㎞의 화강암으로 된 산이 수평으로 아주 단단한 받침 위에 놓여 있다고 하면 어떻게 변형하는가 모형실험을 해보자. 이때 모형의 너비는 1m, 비중은 1.5[6] 로 잡는다. 또 이야기를 구체화하기 위해 화강암의 비중을 3.0, 그 강도를 2,000기압이라고 한다. 산이 변형하는 경우 문제에 관계되는 물리량으로서는 산에 작용하는 중력, 산을 구성하는 물질 내에 미치는 응력, 그 물질의 강도를 들 수 있다. 앞에서 말한 것처럼 응력과 강도는 같은 축척이므로 여기서는 강도의 축척만 살펴보

[6] 옮긴이: 화강암의 실제 비중은 2.70이다.

기로 하자.

지금 생각하고 있는 문제에서 길이의 축척 l은 $5 \times 10^{-6}$이다. 또 밀도의 축척은 0.5이다. 그런데 앞에서도 말한 것처럼 밀도의 축척은 질량의 축척 m 및 길이의 축척 l을 적용하여 $ml^{-3}$으로 표시된다. 길이의 축척 l이 이미 정해져 있으므로 이것으로부터 질량의 축척 m이 정해진다. 즉 m은 $6.25 \times 10^{-17}$이 된다. 또 여기서는 물체의 무게에 관계되는 힘만이 문제되므로 앞에서 말한 힘의 축척의 표시 방법 중 제2의 표시법을 사용해야 한다. 즉 힘의 축척은 mg가 된다. 그런데 앞에서도 말한 바와 같이 지구상의 실험실에서의 모형실험에서는 g는 1이다. 따라서 힘의 축척 f는 질량의 축척 m과 같아 $6.25 \times 10^{-17}$이 된다.

앞에서도 말한 것처럼 강도의 축척은 힘의 축척 f 및 길이의 축척 l을 사용하면 $fl^{-2}$으로 표시된다. 따라서 강도의 축척은 $2.5 \times 10^{-6}$이 된다. 앞에서 가정한 것 같이 원래 화강암으로 된 산의 강도를 2,000기압이라고 하면 모형실험에 사용되는 물질의 강도는 $2 \times 10^{3} \times 2.5 \times 10^{-6} = 5 \times 10^{-3}$기압, 즉 1/200기압이 된다. 이것은 바세린이나 매우 부드러운 점토의 강도와 맞먹는다. 즉 너비 200km의 산의 변형을 너비 1m의 모형으로 실험하려 하는 경우에는 모형물질로서 바세린 또는 부드러운 점토를 사용해야 한다. 너비 1m의 바세린이나 점토는 자체의 강도로 어떤 형태의 모양을 유지할 수 없기 때문에 흘러내리고 말 것이 틀림없다. 따라서 너비 200km의 화강암의 산은 자체의 강도에 의하여 어떤 모양을 유지할 수 없어 흘러내릴 것이라는 결론이 얻어진다. 흐르는 지각이나 흐르는 맨틀의 수수께끼를 푸는 열쇠의 하나가 여기에 있음을 알 수 있다.


## 스칸디나비아반도의 융기 모형실험

다음에는 흐르는 지각의 모형실험을 해보자. 앞에서 설명한 스칸디나비아반도의 융기나 암염돔의 모형실험을 계획해 보자. 이 경우에도 현상에 관여하는 물리량 가운데서 중력, 응력 및 강도가 중요한 것은 말할 나위도 없다. 그밖에 여기서는 물질의 점성계수도 중요한 물리량이 된다.

스칸디나비아반도의 융기를 머리에 두고 생각하면 융기한 범위의 반지름은 1,000km이다. 또 융기의 시간 스케일은 1만 년 정도다. 이 현상을 반지름 10cm의 모형을 사용하여 9시간 동안에 재현하는 모형실험을 계획해 보자. 다시 말하면 이 경우 길이의 축척 $l$은 $10^{-7}$, 시간의 축척 t는 $10^{-7}$이 된다. 여기서 모형 물질의 비중을 1.0으로 잡으면 앞 문제와 마찬가지로 질량의 축척 m은 $33 \times 10^{-22}$가 됨을 알 수 있다. 이 경우 힘의 축척으로서는 먼저 설명한 두 번째 표시법이 사용된다. 즉 힘의 축척 f는 mg = m과 같다. 이것도 앞 문제와 동일하다.

그런데 먼저 설명한 것처럼 점성계수의 축척은 힘의 축척 f, 시간의 축척 t를 사용하여 ft로 표시한다. 이 문제에서는 f = m = $3.3 \times 10^{-22}$, t = $10^{-7}$이므로 점성계수의 축척은 $3.3 \times 10^{-15}$이 된다. 그런데 지구의 얼마 깊지 않은 부분의 점성계수는 cgs 단위로 $10^{22}$로 산출된다. 따라서 모형 물질의 점성계수는 $10^{22} \times 3.3 \times 10^{-15} = 3.3 \times 10^7$이 된다. 이것은 40℃에서의 아스팔트의 점성계수와 거의 비슷하다. 즉 스칸디나비아반도의 융기를 실험실 내에서 반지름 10㎝의 물질을 사용하여 9시간 동안에 실현하려고 하면 모형물질로서는 아스팔트를 선택해야 한다는 결론이 얻어진다.

여기서는 지구의 점성계수를 알고 있다는 가정 아래 이야기해 왔다. 그러나 거꾸로 이러한 실험으로 지구의 점성계수를 산출해 낼 수도 있다. 그러기 위해서는 모형물질로서 여러 가지 점성계수를 가진 물질을 골라 그 가운데서 스칸디나비아반도의 융기와 가장 비슷한 현상을 일으키는 물질을 선정하면 된다. 이렇게 하여 모형물질의 점성계수가 정해지면 그것으로 역산하여 지구의 점성계수를 알아낼 수 있다.

그런데 이 문제에서는 지구의 점성유체적인 속성만 눈여겨보았다. 그러나 예컨대 스칸디나비아반도가 융기할 때 생성된 열목(裂目)이나 단층을 모형실험에서 재현하려고 하면 모형물질의 강도에서도 또 다른 요구가 생긴다. 앞 문제와 같이 강도의 축척을 구하면 $3.3 \times 10^{-8}$이 된다. 여기서 지각의 강도로서 화강암의 강도 2,000기압을 가정하면 모형의 강도는 $2 \times 10^3 \times 3.3 \times 10^{-8} = 6.6 \times 10^{-5}$기압, 즉 1/15,000기압으로 되어야 한다. 이것은 아스팔트의 강도보다 훨씬 작다. 다시 말해 아스팔트는 점성계수로 보았을 땐 합격이지만 강도가 너무 강해 스칸디나비아반도에서 열목이나 단층을 재현할 수 없게 된다. 이를테면 모형을 사용하여 자연계에서 일어나는 온갖 현상을 재현하려 할 때 거기에 알맞은 모형물질을 찾아낸다는 것은 여간 어려운 일이 아니다.

## 크레이터의 모형실험 설계

세 번째인 마지막 보기로서 운석이 지구나 달에 충돌해서 만들어지는 크레이터(crater)를 실험실에서 재현하는 일을 생각해 보자.

이 경우에는 초속도의 구가 날아와 떨어진다고 볼 수 있으므로 질량에 가속도를 곱한 힘이 문제된다는 것이 자명하다. 그리고 얼마만한 크기의 크레이터가 만들어지는가에 관계되는 것 중에서 중력이 매우 중요한 역할을 한다. 따라서 앞에서 설명한 힘의 축척을 나타내는 두 가지 방법 모두가 여기서도 사용되며 더욱이 이들은 서로 같아야 한다. 힘의 축척으로서 두 가지가 있으면 곤란하기 때문이다. 따라서 앞에서 설명한 힘의 축척 두 가지 표시법이 같다고 하면 $mlt^{-2} = mg$, 즉 $l = t^2$을 얻게 된다. 이를테면 이 경우 시간의 축척이 제곱의 길이의 축척과 같아야 한다.

힘 외에 이 현상에 관련되는 중요한 물리량으로서는 운석 및 지구의 강도가 고려된다. 지구의 강도가 크면 운석이 산산조각이 날 것이며 운석의 강도가 크면 지구에 구멍이 뚫릴 것이기 때문이다.

여기서 운석으로서 지름 100m의 철니켈로 된 구를 생각하고 그 구가 초속 50㎞로 지구에 부딪혔다고 하자. 이 운석의 모형으로 지름 0.5㎝의 납의 구를 택하기로 한다. 따라서 이 경우 길이의 축척은 $5 \times 10^{-5}$가 된다. 앞에서 구한 관계식 $l = t^2$을 써서 계산하면 이 경우의 시간의 축척 t는 $7 \times 10^{-2}$가 된다. 속도의 축척은 $lt^{-2}$이여서 이 경우에는 $7 \times 10^{-3}$이 된다. 따라서 실험실에서 납의 구의 속도는 $5 \times 10^6 \times 7 \times 10^{-3} = 3.5 \times 10^4$㎝/sec.가 된다. 이는 권총 탄환의 속도와 거의 같은 속도다.

다음에 앞의 두 예에서와 같이 강도의 축척을 구하면 $7.5 \times 10^{-5}$가 된다. 단 이 경우에는 비중의 축척이 1.5라고 가정했다. 여기서 지구 표면의 물질의 강도를 1,000기압이라고 가정하면 모형물질의 강도는 $7.5 \times 10^{-2}$기압, 비중은 3.5가 된다.

이와 같은 강도 및 비중을 가진 물질을 만드는 데는 이를테면 점토에 적당량의 산화납을 더하면 될 것이다. 한편 운석물질의 강도를 5,000기압, 비중을 8이라고 하면 이 모형의 강도는 $4 \times 10^{-1}$기압, 비중은 12가 된다. 여기에서 사용하기로 한 납은 거의 이와 동일한 강도와 비중을 가지고 있다. 즉 지름 100㎞의 철니켈의 구가 초속 50㎞로 지구에 부딪힌 경우의 모형실험을 지름 0.5㎝의 납의 구로 실시하려고 하면 그 구의 속도는 초속 350m 정도이어야 하며 이것을 부딪치게 하는 지구의 모형물질로는 점토에 산화납의 적당량을 더한 것을 사용하면 된다. 실제로 이러한 물질을 만들어 실험해 보면 사람의 주먹 크기만 한 구멍이 생긴다. 앞에서 말한 길이의 축척을 사용하여 이에 대한 크레이터의 지름을 역산해 보면 대체로 2㎞가 된다. 모든 것이 합리적이라고 할 수 있겠다.


## 초원심분리기를 동원하다

앞에서도 되풀이했는데, 힘의 축척 f의 제2표시법, 즉 f = mg를 사용하는 경우 지구상의 실험실에서는 g가 1이 되어 f = m이 된다. 이것은 우리가 지구상에 살고 있으므로 지구인력의 영향을 벗어날 수 없는 데서 생긴 결과다. 그러나 이것은 모형실험을 하는 경우 큰 제약이 된다. 만약 이 제약을 벗어나 이를테면 g = $10^3$이 될 수 있다면 모형실험은 더 쉽게 할 수 있을 것이다.

이를테면 앞에서 설명한 세 가지 모형실험 가운데서 두 번째 실험, 즉 스칸디나비아반도의 융기실험에서 g = $10^3$으로 할 수 있다면 점성계수가 같은 모형물질을 사용했을 때 모형실험에 필요한 시간이 g = 1일 경우 1/1,000이 된다. 앞에서 설명한 예에서는 9시간을 약 30초로 감축할 수 있다. 이것은 대단한 시간 절약이다.

그런데 최근 g = $10^3$으로 할 수 있는 실험장치가 만들어져 지질현상의 모형실험에 크게 이용되고 있다. 그것은 화학이나 생물학의 연구에서 많이 쓰이는 초원심분리기(超遠心分離機)이다.

초원심분리기는 세탁기의 원심탈수장치를 대형화한 것이라고 할 수 있다. 이러한 원심장치 속에서는 물질은 용기의 축에서 방사상(放射狀)으로 바깥쪽을 향한 힘을 받게 된다. 즉 원심 분리기에서는 용기의 바깥쪽이 밑이 된다. 또 최근의 원심 분리기는 지구중력의 1,000배 크기의 원심력을 만들어 낼 수 있다.[7] 이 초원심분리기를 사용하여 스웨덴의 런버그(Runberg)는 많은 지질학적 모형실험을 했다.

---

[7] 편주: 2022년 기준 현대의 원심분리기는 지구 중력의 수십만 배에 달하는 원심력을 낼 수 있다.

## 수치실험

    최근에는 컴퓨터의 이용이 매우 발달되었다. 그래서 현상을 지배하는 기본적인 물리법칙의 방정식을 알고 있는 경우에는 그 기본방정식을 바탕으로 현상의 시간적 경과를 컴퓨터로 풀 수 있다. 이를테면 점성유체의 기본방정식을 사용하여 마지막 빙기의 얼음이 녹은 후의 스칸디나비아반도의 융기를 계산할 수 있다. 이 경우 매시간에 대한 자유표면의 모양을 컴퓨터를 사용하여 그리게 하고, 그것을 카메라로 촬영하여, 그 결과를 스크린에 비추어 볼 수도 있다. 스칸디나비아반도의 융기가 1분 사이에 재현된다.

    컴퓨터를 사용하는 경우에도 결과는 실험실에서 하는 보통 실험과 다를 바 없다. 필자는 컴퓨터가 그려낸 절벽에서 떨어지는 폭포를 재현한 영화를 본 일이 있다. 그 영화는 유체역학적인 계산에 바탕을 두고 제작된 것이었다. 그런데 그 장관은 실제 폭포를 보는 것과 다름이 없었다. 컴퓨터를 이용한 이와 같은 수치계산을 수치실험이라고 부르기도 한다.

    보통의 모형실험과 달라 수치실험에서는 점성계수나 강도가 임의의 크기인 물질에 대해 실험을 할 수도 있다. 따라서 현상을 지배하는 기본법칙이 수식으로 표현될 수 있는 경우에는 보통 모형실험보다도 수치실험이 훨씬 능률적이다. 그러나 수치실험에도 본질적인 단점이 있다. 그것은 현상을 지배하는 기본법칙을 수식으로 나타낼 수 없는 경우에는 수치실험을 할 수 없다는 것이다. 이에 대해 모형실험에서는 주어진 물리량이 애매하더라도 직접 모형실험을 실시하여 현상의 본질을 추구할 수 있다. 수치실험과 모형실험의 각각의 특질에 유의하여 이것을 알맞게 사용할 필요가 있다.

# 5장

# 해저는 갱신한다

## 5장

# 해저는 갱신한다

중앙 해령 부분에서 솟아올라 그곳에서 좌우로 나누어져 수평으로 흘러내려 마침내 해구나 조산대에서 지구 내부로 되돌아가는 대류가 있다. 이 대류가 있다는 것을 생각해 냄으로써 중앙 해령이나 해구 또는 조산대 부분에서 관측되는 거의 모든 사실이 설명되는 것이다. 또한 조산운동의 메커니즘이나 그 윤회도 설명할 수 있는 것이다. 이에 대해서는 1장에서 이미 설명했다. 2장에서는 이러한 맨틀대류가 대륙이동이라는 문제와 밀접한 관계가 있다는 것을 설명했다. 이 대륙이동은 그 후 계속된 연구로 더욱 확실하게 되었다. 이어 3장에서는 주제를 바꿔 지구과학에 대한 실험실에서의 실험 및 이론적인 연구를 살펴보았다. 열대류에 관한 베나르의 실험과 레일리의 이론도 맨틀에 대류가 존재한다는 가능성을 지지하고 있다. 고체인 맨틀 내에서 대류가 유체처럼 흐른다고 하는 역설적인 사실도 잘 생각해 보면 그렇게 이상한 일이 아니다. 이에 관해서는 4장에서 설명했다. 이것은 고체도 유체와 같이 흐른다는 예가 여러 가지 발견되었기 때문이다. 이것은 또한 실험실 내의 모형실험으로도 증명되었다.

5장에서는 맨틀대류가 실존할 가능성에 대하여 거의 의심할 바 없는 세 가지 발견에 대해 설명하려 한다. 그것은 지자기(地磁氣)의 반전이라는 주제를 바탕으로 얻은 발견, 즉 화성암의 잔류자기, 해저퇴적물의 자기 및 해양지역에서의 지자기이상의 줄무늬이다. 이들을 삼위일체로 한 연구로 변환단층이라고 불리는 새로운 이론이 생겨났고 나아가서는 맨틀대류설이 해저이동설 또는 해저확장설, 해저갱신설(ocean-floor spreading hypothesis)이라고도 불리는 새로운 이론으로 탈바꿈한 것이다.

## 고지자기학

일본처럼 북반구에 자리 잡고 있는 곳에서는 자석의 N(北)이라고 적힌 극은 북을 가리키며 멎는다. 다만 이때 정확하게 북을 가리키는 것이 아니라 이를테면 일본에서는 진북(眞北)에서 5°~6° 서(西)를 가리키고 멎는다. 자석의 바늘과 북 사이의 이러한 각도를 편각이라 부른다. 어쨌든 자석의 바늘이 북을 가리키는 것은 지구 자체가 큰 자석이기 때문이다.

이와 같은 지구자기장의 현상은 지구의 중심에 하나의 큰 막대자석이 있다고 생각하면 쉽게 설명할 수 있다. [그림 48]의 위쪽 그림은 지구의 중심에 놓인 막대자석과 그 막대자석이 만드는 자기장의 자력선의 방향을 나타낸 그림이다. 다만 여기서는 막대자석의 방향을 막대자석의 S극에서 N극으로 향한 선으로 나타냈다. 지구에서는 북극 가까이에 자석의 S극이, 남극 가까이에는 자석의 N극이 있다는 것이 된다. 따라서 북반구에 놓인

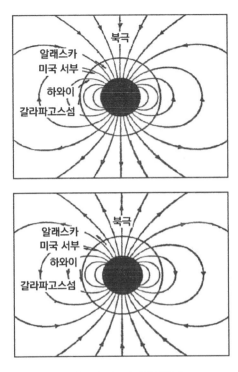

**그림 48 | 지구자기장의 반전**

작은 자석의 N극이 북극 가까이에 있는 지구 자석의 S극에 끌려 북을 향하게 되는 것이다.

앞에서 말한 자력선이란 [그림 48]과 같은 「작은 지구」 위에 엷은 종이를 놓고 그 위에 쇳가루를 뿌려 종이 가장자리를 툭툭 치면 쇳가루가 나타내는 무늬를 말하는 것이다. 즉 이때 쇳가루는 자력선의 방향에 따라 질서 정연하게 배열된다. 또한 쇳가루 대신 작은 자석을 놓으면 그 자석은 자력선의 방향을 가리키며 멎는다. 따라서 적도상에 있는 작은 자석은 수평을 가리키며, 북극에 놓인 자석은 바로 아래를 가리키고 멎는다. 또 일본 부근에서는 자석은 북을 가리키며 수평보다 조금 아래로 기운다. 등산할 때 사용되는 작은 자석이 아래쪽을 가리키면서 잘 멎지 않는 것은 일부러 자석의 중심에서 약간 벗어난 곳에 받침을 세워 수평을 잡고 있기 때문이다.

그런데 지각을 구성하는 암석 중에는 자철석이나 적철석 같은 자성을 띤 광물이 포함되어 있다. 이러한 자성광물은 말하자면 그 하나하나가 작은 자석으로 된 것이다. 따라서 자성광물을 지구자기장 속에 놓으면 이들은 그 지점에서 자력선의 방향을 가리키고 멎을 것이다. 이 사실을 바탕으로 한 학문이 오래전에 태동한 고지자기학이다.

실은 앞에서 말한 표현에는 다소 정확하지 못한 데가 있다. 암석 내의 자성광물이 지구자기장의 방향으로 자화되는 것은 그 암석이 녹은 상태로 지구 내부에서 넘쳐흘러 나와 식고 굳어질 때만 생기는 것이다. 원래 자성광물에는 퀴리온도(Curie temperature)라고 불리는 온도가 있다. 앞에서 말한 자성광물의 퀴리온도는 섭씨 수백 도 정도다. 퀴리온도보다 높은 온도에서는 자성광물도 자성을 지니지 못한다. 이렇게 자성을 갖지 않은 상태의 용암이 식어서 퀴리온도로 떨어질 때 자성광물은 자성을 띠게 되는 것이다. 그런데 자화되는 방향은 자성을 얻을 때 그 장소에서의 지구자기장 방향에 따라 정해진다. 이렇게 자화된 암석은 그 방향을 그 후에도 끝까지 지니게 된다. 즉 그 후 지구자기장의 세기나 방향이 변하더라도 암석은 퀴리온도 가까이에서 자화된 온도와 방향을 그대로 지니는 것이다. 이렇게 지니게 된 자기를 열잔류자기라고 한다. 따라서 이 열잔류자기를 바탕으로 조사하면 그 암석이 식어서 굳어졌을 때의 지구자기장 세기와 방향을 알아낼 수 있다.

이상 설명한 것은 녹은 용암이 식어서 굳어지면서 된 화성암이라고 불리는 암석에 대한 것이다. 암석에는 화성암 외에 풍화나 침식으로 생긴 암석의 미세한 알맹이들이 물밑에 쌓여서 된 퇴적암과 화성암이나 퇴적암이 온도나 압력의 변화로 생긴 변성암도 있다. 이 퇴적암에도 자성광물이 함유되어 있는데 이들이 물밑에 퇴적될 때 당시의 지구자기장에 따라 방향성을 지니고 퇴적된다. 따라서 퇴적암의 자성의 방향을 조사하면 그 퇴적암이 퇴적될 당시의 지구자기장의 방향을 결정할 수 있게 되는 것이다. 그러나 퇴적암의 잔류자기는 화성암의 열잔류자기보다 지구자기장의 화석으로서는 뚜렷하지 못하다.

어쨌든 암석의 잔류자기를 조사하여 어떤 지질시대의 지구자기장의 방향과 세기를 결정할 수 있다. 다만 세기는 방향만큼 정확하게 결정되는 것은 아니다. 이렇게 잔류자기를 이용하여 어떤 지질시대의 지구자기장을 조사하는 학문이 앞에서 말한 고지자기학인 것이다.


## 지구자기장은 때때로 반전한다

고지자기학적 연구를 하는 가운데 1906년 프랑스의 물리학자 베르나르 브룬헤르(Benard Brunhes)는 어떤 화성암이 오늘날의 지구자기장의 방향과 반대 방향으로 자화되어 있는 것을 처음으로 발견했다. 이 암석이 굳어졌을 당시에는 지구자기장이 오늘날의 방향과 반대 방향이었기 때문에 이러한 현상이 일어났을 것이라고 그는 생각했다. 즉 [그림 48]의 아래쪽 그림에 나타낸 것과 같이 당시에는 지구의 북극에 가까운 곳에 자석의 N극이, 또 남극 가까운 곳에 자석의 S극이 있었던 것으로 된다. 그 후 고지자기학의 연구결과에 의하면 그의 예측은 옳다는 것이 판명되었다. 이와 같이 지구자기장의 방향이 오늘날과 반대 방향으로 된 것을 지구자기장의 반전이라고 부른다.

1929년 일본의 마츠야마 박사는 지구자기장의 반전을 입증하는 샘플을 발견했다. 마츠야마 박사의 연구에 따르면 오늘날의 지구자기장과 반대 방향으로 자화된 암석이 약 100만 년의 나이를 가진 플라이스토세의 것들이었다. 그보다도 새로운 시대의 암석은 모두 보통의 방향으로 자화되어 있었다. 그는 지구자기장이, 극의 위치는 거의 일정하게 유지하면서 **때때**로 그 방향이 바뀐 것이 아닐까 생각했다.

지구자기장의 반전이란 현재 지구의 북극 가까이에 있는 자석의 남극이 북극이 되고, 지구의 남극 가까이에 있는 자석의 북극이 남극으로 바뀌는 것이다. [그림 48]의 위쪽 그림은 현재의 지구자기장의 상태를 나타내고 있으며, 아래쪽 그림은 반전했을 때의 지구자기장의 상태를 나타내고 있다. 따라서 지구자기장의 반전이라고는 하지만 지구 자체가 뒤집혀졌다는 것은 아니다.

[그림 48]의 위쪽 그림에 나타낸 자기장이 아래쪽 그림에 나타낸 자기장으로 바뀌는 데는 어떤 원리로 이루어지는지 아직은 명확하게 알지 못하고 있다. 다만 한 가지 생각할 수 있다면 그 원리는 먼저 [그림 48]의 위쪽 그림에 나타낸 것과 같이 지구의 중심에 있는 막대자석이 방향을 일정하게 유지하면서 그 세기가 차츰 약해져 마침내 자석의 세기가 0으로 변한다. 다음에는 어느 정도 시간이 흐르자 전과는 반대 방향의 세기가 약한 막대자석이 지구의 중심부에 생기게 된다. 그리고 반대 방향의 자기장은 그 세기가 더해져 마침내 자기장의 반전현상을 일으킨다. 즉 이 생각에서는 지구자기장이 전자관회로의 플립플롭(flip-flop)과 같이 때때로 그 방향만을 바꾸게 되는 것이다. 이를테면 지구자기장에서는 어떤 방향의 자기장이 몇십만 년 계속된다. 어떤 방향의 자기장에서 이와 반대 방향의 자기장으로 변화하는 데는 1만 년 정도 걸린다고 본다.

## 지구자기장의 반전의 역사

지구자기장의 반전사실을 빈틈없이 입증한 것은 콕스(A. Cox)와 그 밖의 미국지질조사국(U. S. Geological Survey)의 연구진들이었다. 그들은 이 사실을 입증하기 위해 고지자기학적 자료와 칼륨-아르곤법에 의한 연대측정법을 함께 이용했다. 즉 칼륨-아르곤법이란 자연계의 칼륨 가운데 0.012%를 차지하는 $K^{40}$이 반감기 13억 년이 걸려 $A^{80}$으로 변환되는 원리를 이용

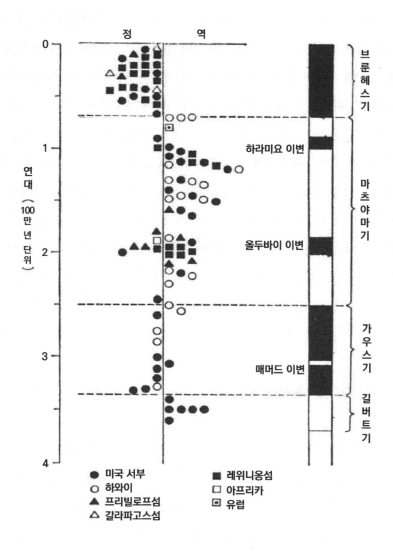

정　　　　　역

그림 49 | 기(期)와 이변

브룬헤스기

마츠야마기

올두바이 이변

하라미요 이변

가우스기

매머드 이변

길버트기

연대 (100만 년 단위)

● 미국 서부　　　■ 레위니옹섬
○ 하와이　　　　□ 아프리카
▲ 프리빌로프섬　◙ 유럽
△ 갈라파고스섬

한 연대 측정법이다. $A^{40}$은 기체로서 다른 원소와 화합하지 않는 특성을 지니고 있다. 이렇게 생긴 $K^{40}$은 광물의 결정구조 속에 포함되며 이 결정이 어느 온도 이하로 유지되면 $A^{40}$은 그대로 그곳에 축적된다. 따라서 녹은 상태로 흘러내린 용암이 고화한 때로부터 오늘날까지의 기간은 K-A법을 이용하여 측정할 수 있는 것이다.

그들에 의해 얻은 결과를 [그림 49]에 표시했다. 그림의 왼쪽에 있는 세로축은 고지자기학적 연구대상이 된 샘플이 고화되고 나서 현재까지의 기간을 100만 년 단위로 나타낸 것이다. 따라서 여기에 제시된 예는 지금으로부터 약 360만 년경부터 오늘날까지의 시기를 나타낸 것이다. 각 용암류의 고화 연령에 맞춘 시간스케일상의 위치에 그 용암류가 자화된 방향에서 얻은 지구자기장의 정역(正逆)을 나타냈다. 다만 [그림 48]의 위쪽 그림에 나타낸 것처럼 현재의 지구자기장과 같은 방향의 자기장을 〈정〉으로 하고 [그림 48]의 아래에 표시한 것처럼 그것과 반대 방향의 자기장을 〈역〉이라고 나타냈다. 각 용암류의 지리적 위치에 따라 서로 다른 기호를 사용하여 결과를 나타내고 있다. 그리고 [그림 49]의 중앙에 있는 세로선을 경계로 하여 왼쪽에는 정의 방향을 나타낸 용암류를, 오른쪽에는 역의 방향을 나타낸 용암류를 표시했다. 이 결과를 보면 어느 시기를 경계로 해서 지구자기장의 정역현상이 반대가 된 것을 알 수 있다. 여러 가지 지리적 위치가 다른 용암류가 이러한 결과를 일치해서 나타내는 것은 지구자기장의 반전을 무엇보다 잘 보여주는 것이라고 하겠다.

[그림 49]의 오른쪽 그림은 중앙에 있는 그림의 결과를 모식적(模式的)으

로 나타낸 것이다. 이 그림을 보면 지금으로부터 약 70만 년 전, 250만 년 전, 330만 년 전을 경계로 하여 기(期; epoch)라고 불리는 정역의 시기가 서로 바뀐 것을 알 수 있다. 이 기에는 지자기의 연구에 크게 공헌한 위대한 선구자들의 이름이 붙여져 있다. 즉 지구상의 자침의 움직임은 지구자기장에 원인이 있다고 처음 발견한 길버트(William Gilbert, 1540~1603)나 지구자기장의 모든 원인이 지구 내부에 있다는 것을 제창한 위대한 수학자이며 물리학자였던 가우스(Johann Karl Friedrich Gauss, 1771~1855)와 함께 지자기반전의 발견자인 마츠야마 박사와 브룬헤스의 이름이 붙여져 있다.

어떤 극성의 기(期)가 몇십만 년 지속되는 사이사이에 이와 반대 방향의 극성을 가진 짧은 시기가 끼어 있으며 이것을 이변(event)이라고 부른다. 즉 지금으로부터 약 100만 년 전과 200만 년 전의 자라밀로(Jaramillo)와 올두바이(Olduvai) 이변은 마츠야마기(역) 중 정(正)의 극성의 짧은 시기이며, 또 지금으로부터 약 300년 전의 매머드(Mammoth) 이변에는 가우스기(정) 중 역(逆)의 극성의 짧은 시기다. 이런 이변에는 그 이변에 속하는 최초의 암석이 발견된 지역의 이름을 붙였다. 즉 자라밀로는 뉴멕시코에 있는 자라밀로 강(Jaramillo Creek)에서, 올두바이는 탄자니아에 있는 올두바이 협곡에서, 매머드는 캘리포니아에 있는 매머드의 이름을 딴 것이다. 이들 이변은 처음에는 실험상의 오차라고 생각되었다. 그러나 같은 극성을 가지며 또한 비슷한 나이의 용암류가 다른 지역에서도 발견됨에 따라 이러한 극성의 시기가 있었다는 것이 밝혀졌다. 이 경우에도 K-A법에 의한 정밀도가 높은 연대측정이 문제해결에 큰 도움이 되었다.

## 해저퇴적물에 나타난 지구자기장의 반전

현대 지구과학은 이은 자국이 없는 직물과 같아서 한쪽에서 얻은 성과는 즉시 다른 쪽으로 옮겨간다. 콕스 등이 육상에서의 화성암을 자료로 해서 확립한 지자기의 연대표는 즉시 해저퇴적물에도 적용되었다. 이들 퇴적물은 알알이 바닷물 속에 가라앉은 세립(細粒)이 해저에 퇴적되어 생긴 것이다. 이때 그 세립에 섞인 자성광물은 당시의 지구자기장을 따라 방향성을 갖고 해저에 퇴적된다. 시간이 흐름에 따라 퇴적은 진행되어 지자기의 반전의 역사를 이어 나간다. 해저의 퇴적물은 그 지자기반전의 역사를 그대로 간직한 채 조용히 해저에 잠들어 있었다. 마침내 극성을 부리는 지구과학의 연구자들이 찾아와 해저에 길이 10m에 이르는 피스톤 코어를 박아 기둥 모양의 해저퇴적물의 샘플을 끌어 올렸다. 이 기둥의 아랫부분은 옛 시대의 퇴적물이며, 윗부분은 보다 새로운 시대의 퇴적물을 대표한다. 다음에 설명하는 것처럼 10m 길이 기둥은 몇백만 년의 시기에 해당되는 것이다.

채집된 퇴적물은 실험실로 옮겨져서 기둥 각 부분의 퇴적물의 자화방향을 조사한다. 이것을 바탕으로 화성암의 경우와 이 지구자기장의 정역의 역사가 조사되는 것이다. 이와 같은 연구는 미국의 스크립스해양연구소와 라몬트지질연구소의 연구원들에 의해 활발히 진행되었다. 그들이 거둔 성과의 대표적인 예를 [그림 50]의 오른쪽에 도시했다. 이것은 북극해의 퇴적물에 대한 결과로 그림의 오른쪽에 있는 세로축은 퇴적물기둥의 길이,

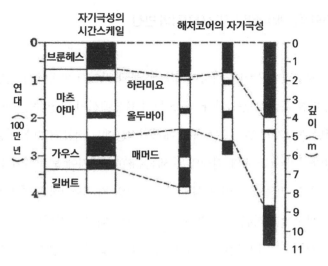

**그림 50 | 해저퇴적물의 자화**

즉 퇴적물의 해저로부터의 깊이를 나타내는 눈금이다. 또 어떤 깊이에서의 퇴적물의 자화방향을 바탕으로 결정된 지구자기장의 방향도 정역으로 함께 나타냈다. [그림 50]의 왼쪽에 그려진 것은 [그림 49]의 바른쪽에 그려진 것과 같은 것으로서 육상의 화성암 샘플에서 얻은 지구자기장 반전의 역사다. 그림의 왼쪽 끝의 세로축은 칼륨–아르곤법으로 측정된 암석의 연대다. [그림 50]의 오른쪽과 왼쪽을 비교해 보면 해저퇴적물에서 얻은 지구자기장 반전의 역사와 육상에서의 화성암 샘플에서 얻은 결과가 일치하는 것을 알 수 있다. 이것은 브룬헤스 및 마츠야마기와 일치할 뿐만 아니라 자라밀로 및 올두바이 이변처럼 짧은 기간의 이변과도 일치하는 것이다.

　　이것은 중요한 결과로서 지구자기장의 반전의 역사가 단순한 상상에 의한 것이 아니라 사실임을 말해 주는 것이다. 곧 여기에서 다음과 같은 두 가지 중요한 응용을 할 수 있다.

그중 하나는 해저퇴적물의 퇴적 속도의 측정이다. 가령 [그림 50]의 왼쪽 끝에 있는 시간눈금과 바른쪽 끝의 깊이의 눈금을 참조하여 [그림 50]의 맨 왼쪽 끝에 세워진 기둥 모양을 한 퇴적물의 퇴적 속도를 알아보자. 이 기둥에서는 현재로부터 약 70만 년 전까지의 기간 중 약 4m 두께의 퇴적물이 퇴적되었다. 따라서 이것은 100만 년에 약 5m, 즉 1,000년당 약 5mm의 퇴적 속도다. 한편 이보다 앞선 180만 년 사이에는 약 5m의 두께로 퇴적되었으므로 퇴적 속도는 1,000년마다 약 3mm로 풀이된다.

또 다른 응용은 각기 다른 지역에서 얻은 주상(柱狀) 샘플의 대비이다. 가령 [그림 50]의 오른쪽에 그려진 세 개의 주상 샘플은 지구자기장 반전의 역사를 기초로 하여 그림에서 점선으로 나타낸 것과 같은 대비가 가능한 것이다. 지금까지는 매우 멀리 떨어진 지역에서 얻은 두 개의 주상 샘플의 대비는 어렵다고 여겨졌는데 그 어려움이 이렇게 해서 해결되기에 이른 것이다.


## 지자기이상의 줄무늬

화성암 및 해저퇴적물의 잔류자기와 함께 또 다른 새로운 발견이 지구자기장의 반전과 관련지어졌다. 제2차 세계대전 후 핵자기공명을 이용한

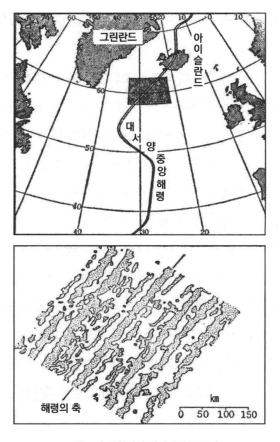

그림 51 | 대칭적인 지자기의 줄무늬

양성자 자력계(proton magnetometer)를 사용하게 되었는데 양성자 자력계란 자기장의 세기를 주파수로 바꿔 측정하는 장치다. 이 양성자자력계를 배나 비행기로 매달아 지구자기장의 세기를 시시각각으로 측정할 수 있게 되었다. 이때 배나 비행기에 와이어로 매다는 것은 배나 비행기의 자기의 영향을 피하기 위한 것이다. 양성자 자력계의 측정정밀도는 10nT 정도인데[8] 지구자기장의 강도의 평균값이 3만 nT라는 것을 생각하면 이것은 고도의 정밀성을 지녔다고 할 수 있다.

이러한 자력계를 사용하여 1950년대 중엽부터 해상에서의 자기 측정이 성행했다. 그 결과 해상에서는 예를 들어 [그림 51]의 아래쪽 그림에 보이는 직선상의 지자기이상의 줄무늬를 얻는다는 것을 알게 되었다. 이 지자기이상은 [그림 51]의 위쪽 그림에서 나타낸 아이슬란드 가까이의 대서양 중앙 해령을 끼고 있는 지역에서 얻은 것이다. 지자기이상이란 어떤 지점에서 실제로 관측된 지자기의 세기와 지구자기장의 일반적인 분포에서 얻은 평균적인 세기와의 차이를 말하는 것이다. 따라서 지자기이상은 어떤 지점의 바로 아래 지각 내에 있는 암석이 어떤 이상의 원인이 되는 것이다. 그러나 이 '어떤 이상'의 정체가 무엇인가 하는 데 대해서는 오랫동안 모르고 있었다.

## 해저는 자기테이프와 같다

1963년에 케임브리지 대학의 두 젊은 연구자 바인(Frederick John Vine, 1939~)과 매튜스(Drumrnond Matthews, 1931~1997)는 해상에서의 지자기이

---

[8] 편주: 2022년 현재 1nT 이하도 가능하다.

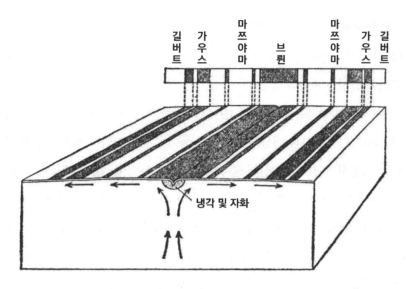

**그림 52 | 바인-매튜스의 해석**

상에 대한 기발한 해석을 했다. 그들에 따르면 해상에서 일어나는 지자기 이상은 지구자기장의 반전에 따라 암석에 기록된 자화 방향의 변화와 맨틀 대류에 원인이 있다고 주장했다. 그들이 내린 해석의 주안점을 [그림 52] 에 도시했다. [그림 52]의 수평단면에는 지자기이상의 무늬를, 수직단면에 는 상부 맨틀에서 일어나는 대류를 나타내었다. 맨틀대류는 맨틀 내부로 부터 중앙 해령의 부분으로 솟아오른다. 여기서 솟아오른 용암은 걸쭉하 게 녹아 있는 상태로서 이것이 중앙 해령의 부분에서 식어 고화되는 것이 다. 이것은 당시의 지구자기장의 방향에 따라 자화된다. 이렇게 자화된 암 석은 그 후 맨틀대류에 실려 중앙 해령에서 좌우로 흘러간다. 한편 지구자

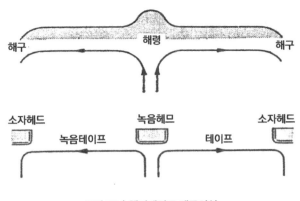

그림 53 | 해저테이프 레코더설

기장은 그 반전의 역사를 더듬는다. 따라서 중앙 해령 부분에서 솟아오른 암석은 어느 때는 정의 방향으로 또 어느 때는 역의 방향으로 자화되는 것이다. 이것을 테이프 리코더에 견주어 보면 중앙 해령 부분이 자화작용을 하는 헤드(head: 자화를 일으킨 원래의 지점을 뜻한다)에 해당된다. 다만 이때 좌우로 두 개의 테이프가 있고 두 테이프는 모두 중앙 해령 부분에서 자화되는 것이다. 그리하여 자화된 테이프는 자화된 기록을 유지한 채 좌우로 움직이게 된다. 이렇게 해서 중앙 해령을 사이에 두고 거의 대칭으로, 그리고 직선상의 지자기의 줄무늬가 생기게 되는 것이다. 이것이 바인과 매튜스가 생각한 요점이다.

## 해저자기테이프설의 검증

　최근에 중앙 해령 부분에서 솟아오른 암석은 아직 중앙 해령 가까이에 있으며 훨씬 옛날에 솟아오른 암석은 지금은 중앙 해령의 축에서 멀리 떨어진 곳에 있다. 따라서 중앙 해령의 축으로부터의 거리는 이른바 암석의 나이를 나타내고 있다. 이런 사실에서 지자기이상의 줄무늬와 [그림 49]에서 본 지자기반전의 역사와 연관 지을 수 있을 것이다. 그 결과는 [그림 52]의 위쪽 그림에 나타낸 것과 같은 것이 될지도 모른다. 그렇게 될지 어떤지의 여부는 실제의 관측으로서 확인되어야 할 것이다. 또한 중앙 해령 부분에서 솟아올라 좌우로 흘러가는 맨틀대류의 속도가 거의 같다고 한다면 지자기이상의 줄무늬는 중앙 해령의 축을 가운데 두고 거의 대칭이 되어야 할 것이다. 이것도 역시 실제로 관측을 통해 확인되어야 할 것이다.

　모든 이론의 진실성의 여부는 이러한 검증에 달려 있다고 하겠다. 그런데 바인과 매튜스의 이론은 이와 같은 검증을 충분히 견딜 수 있었던 것이다. 이를테면 [그림 51]은 그들의 이론과 같이 지자기이상의 줄무늬가 중앙 해령을 사이에 두고 거의 대칭적이라는 것을 입증했다. 또 [그림 54]는 중앙 해령을 사이에 두고 동서로 약 1,000㎞에 이르는 자기측량의 결과와 이 결과를 동서로 반전시킨 것을 상하로 겹쳐 그린 것이다. 가로축은 중앙 해령의 축으로부터의 거리를 나타내며 그 축은 그림의 중앙에 놓여 있다. 따라서 지자기이상이 중앙 해령의 축에 대해 서로 대칭이 된다면 [그림 54]의 상하 두 줄의 그래프는 같은 결과가 나와야 할 것이다. 그러한 예상

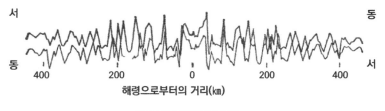

서 　　　　　　　　　　　　　　　　　　　　　동
동 　　　　　　　　　　　　　　　　　　　　　서
　　400　　　200　　　　0　　　　200　　　400
해령으로부터의 거리(㎞)

**그림 54 │ 대칭성의 검증**

도 실제로 잘 맞아들어 간다는 것이 확인되었다.

[그림 52]의 위쪽 그림과 관련해 예측한 것을 좀 더 정량화하기 위해서는 맨틀대류의 수평속도가 어떤 기간 내에서는 거의 같다는 가정을 내릴 필요가 있다. 이와 같이 가정한다면 지자기이상에서 오는 줄무늬의 너비와 간격이 그대로 [그림 49]의 시간 스케일에 비례해야 한다.

이 예측도 실제로 확인되었다. 즉 가로축에 [그림 49]와 지자기이상의 분포를 맞추어 정한 연대를, 세로축에 그러한 지자기이상을 나타낸 지점과 중앙 해령의 축으로부터의 거리를 잡으면 이 그래프가 거의 직선이 된다. 이것은 앞서 말한 예측이 옳다는 것을 뜻하는 것이다. 또한 이때 그래프에 나타난 직선의 경사에서 맨틀대류의 속도를 산출할 수 있다. 산출된 속도는 1년에 몇 ㎝가 된다. 이 수치는 앞서 말한 맨틀대류의 속도와 일치한다. 이것도 바인과 매튜스의 이론이 기본적으로 옳다는 것을 입증하는 것이다. 더욱이 바꿔 말하면 맨틀대류의 존재를 입증하는 것이라고 말할 수 있다.

## 삼위일체에 의한 확증

이렇게 지자기의 반전과 맨틀대류에 대한 고찰을 기본으로 하여 화성암의 잔류자기와 해저퇴적물의 잔류자기 및 해양지역에서의 지자기이상이라는 세 가지 독립된 관측결과가 서로 깊은 관련을 갖게 되었다. 이 세 가지 독립된 관측결과는 지구과학에서의 삼위일체(trinity)라고 불린다. 지구과학에서의 삼위일체 중 앞의 두 가지는 수직거리가 수 m에 이르는 암석의 기둥에 기록되어 있다. 또 나머지 하나는 수평거리가 수천 km에 이르는 해저에 기록되어 있다. 이 삼위일체는 지구의 불가사의의 하나에 새로운 해결을 주었다. 지구의 불가사의란 삼위일체에 의해서 확증을 잡게 된 기반, 즉 지구자기장의 반전과 맨틀대류로 인한 해양저의 이동을 말하는 것이다. 다음에 지구과학에서의 삼위일체가 해양저의 이동에 대해 어떻게 확증을 주었는가를 살펴보자.

먼저 [그림 55]는 위로부터 남대서양, 북대서양 및 태평양에 면한 남극지역의 지자기이상에 대한 줄무늬를 나타낸 것이다. 이 그림을 각 지역별로 살펴보면 아래쪽에 그려진 가로축은 중앙 해령으로부터 각 관측지점 사이의 거리(km)를, 그리고 위쪽에는 지자기이상 자체를 나타냈으며, 가운데 그림은 이것을 바탕으로 정해진 지자기반전의 역사를 나타내고 있다. 남태평양에서는 약 1,500km, 북태평양에서는 약 3,000km, 남극지역에서는 약 1,800km의 거리에 걸쳐 있다. [그림 55]의 위쪽 그림에 표시한 가로축은 연대를 나타낸 축척이다. 이것으로 약 8,000만 년의 기간에 걸친 것을 알 수

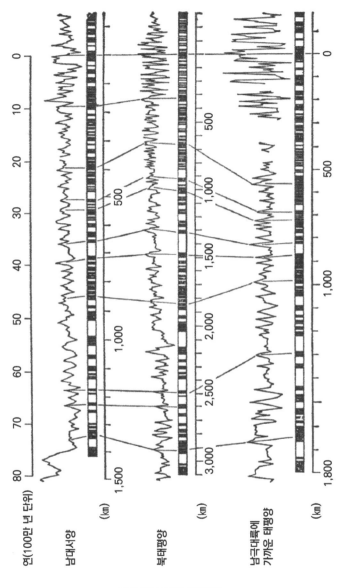

연(100만 년 단위)

남대서양

(km)

북태평양

(km)

남극 대륙에 가까운 태평양 남동부

(km)

그림 55 | 줄무늬의 비교

있다. 이 연대축척과 각 지역에 대한 중앙 해령의 축으로부터의 거리와의 관계는 [그림 49]에 표시한 화성암 샘플에 대한 지자기연대표를 참고로 해서 결정한 것이다.

[그림 55]에서 우선 주목되는 것은 이 그림에 나타낸 지역들이 지리적으로는 매우 멀리 떨어져 있는데도 지자기의 줄무늬가 서로 닮았다는 점이다. 이것은 지자기의 반전이 범지구적인 움직임이라는 것을 뜻하는 것이다. 또 연대 스케일과 각 지역에서의 거리 스케일과를 참조해 보면 맨틀대류의 대표적인 속도를 결정할 수 있다. 그 결과는 물론 1년간 수 ㎝가 된다. [그림 55]를 보면 태평양에서의 속도가 제일 빨라 남대서양의 속도보다 약 두 배에 달하는 것을 알 수 있다.

이 결과를 참작하여 결정한 과거 약 7,600만 년간의 자기장의 반전역사를 [그림 56]에 도시했다. 이 가운데서 과거 약 350만 년간은 [그림 49]에 나타낸 것과 같다. [그림 56]을 보면 과거 7,600만 년간 171회의 자기장의 반전이 있었다는 것을 알 수 있다. 또 정의 극성을 가진 기간의 평균 지속시간이 42만 년간이며, 역의 극성을 가진 기간의 평균 지속시간이 48만 년간이라는 것을 알 수 있다. 이와 같이 두 개의 평균 지속시간이 거의 같다는 것은 지구자기장이 정의 극성을 갖는 것과 역의 극성을 갖는 것이 대등하게 있을 수 있다는 것을 나타내는 것이다. 그리고 오늘날 우리가 맞이하고 있는 정의 극성의 시기가 이미 70만 년이나 계속되고 있다는 것을 알 수 있다. 이것은 평균 계속시간의 2배에 가까운 것이다. [그림 56]에 표시된 정의 극성을 가진 기간 가운데 70만 년을 넘는 계속시간은 겨우 15%에 불과하다. 따라서 지구자기장의 역전의 시기가 가까워지고 있다는 인상을 짙게 풍기고 있다. 실제로 지구자기장의 세기는 과거 100년 사이에 약 5%가 감소되었다. 만약 이대로 계속된다면 약 2,000년 안에 지구자기장의 세기는 0이 될 것이다. 그 후 과연 지구자기장이 역전할 것인가는 아직 아무도 모른다.

어떻든 [그림 56]과 같이 기준이 될 수 있는 척도가 있다면 이것과 각 해양지역에서의 지자기이상에 대한 관측을 서로 대조하여 해저이동의 역사를 거슬러 올라갈 수 있을 것이다. 이 방면의 연구를 가장 정력적으로 추진하고 있는 것은 라몬트지질연구소의 연구진들이다. 모리스 유잉을 소장으로 하는 이 연구소에서는 과거 20년간에 걸쳐 수집한 해양 지역에 대한 지자기이상 자료를 정리했다. 그들이 작성한 해저이동의 모습을 [그림 57]에 도시했다.

[그림 57]에는 중앙 해령의 축과 다음에 설명하려 하는 파쇄대(破碎帶)의 위치가 실선으로 표시되어 있다. 또한 과거의 어떤 시기에 중앙 해령 부분

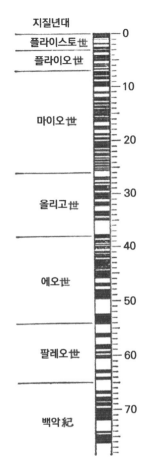

그림 56 | 지자기반전의 역사

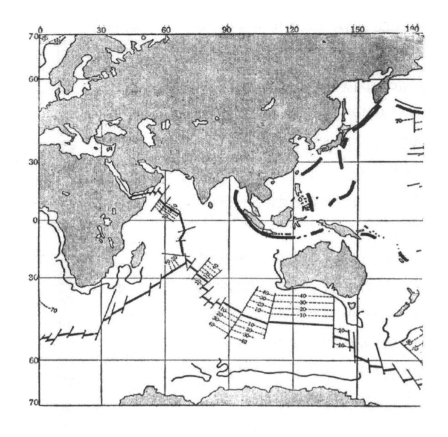

에서 솟아오른 물질에 의해 생긴 해저가 현재 어디까지 이동했는가를 나타
내는 등연대선이 점선으로 표시되어 있다. 각 점선에 붙어 있는 숫자는 연
대를 100만 년 단위로 표시한 것이다. 가령 점선 10은 1,000만 년 전에 중
앙 해령의 축에 솟아오른 물질에 의해 생긴 해저가 현재 그 장소까지 이동
해 왔다는 것을 나타낸다. 이 지도를 보면 세계 각 지역의 해저가 소리도

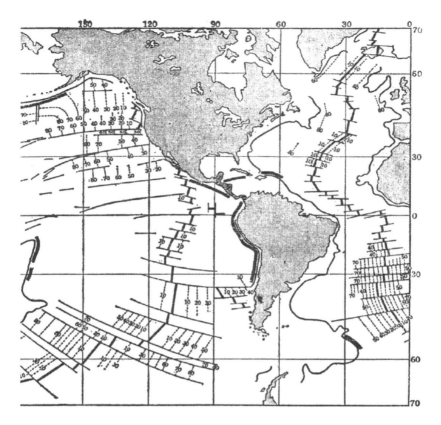

**그림 57 | 줄무늬의 이소크런**

없이 이동하고 있는 모습을 우리는 역력히 느낄 수 있다. 이것은 현대 지구과학이 그려낸 장대한 파노라마인 것이다.

## 어긋난 지자기이상의 줄무늬

해양지역에서 거의 남북으로 뻗은 선상(線狀)의 지자기이상이 발견된다는 것은 앞에서 말했다. 그런데 넓은 지역에 걸쳐 이것을 그림으로 그려 보면 곳곳에서 거의 동서 방향으로 어긋나 있음을 알 수 있다. 이러한 발견은 1955~1956년에 북동태평양에서 스크립스해양연구소의 연구진에 의해 이루어졌다. 이것을 잘 조사해 본 결과 이러한 어긋남은 그때까지 파쇄대라고 불리던 일종의 단층을 따라 일어난다는 것을 지질학자들이 밝혀냈다.

가령 최초로 발견된 머레이 단층(Murray Fault)에서 지자기이상의 어긋남을 맞추기 위해서는 단층을 따라 북쪽에 있는 부분을 남쪽에 있는 부분

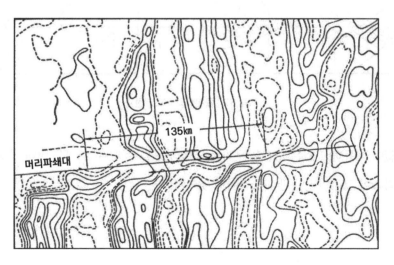

**그림 58 | 파쇄대와 지자기이상의 어긋남**

에서 약 135㎞ 서쪽으로 옮기지 않으면 안 되었다. 이렇게 옮겨 놓으면 단층의 북쪽에 있는 지자기이상이 남쪽에 있는 지자기이상 지대와 꼭 들어맞는다.

머레이 단층의 북쪽에 있는 파이오니어와 멘도시노 단층의 어긋남은 더욱 심했다. 처음에는 단층의 북쪽과 남쪽 지대에서 서로 일치되는 지자기의 이상을 발견하지 못했다. 그런데 연구자들은 지자기이상의 측량을 점차 서쪽으로 나가면 틀림없이 서로 일치하는 지자기이상을 찾아낼 것이라는 확신을 가지고 있었다.

그들의 이러한 확신은 멋지게 들어맞았다. 그들이 서쪽으로 측량을 계속한 결과 파이오니어 단층은 250㎞의 어긋남이, 멘도시노 단층은 무려 1,150㎞나 어긋나 있음을 발견했다. 머리 단층과는 달리 파이오니어와 멘도시노 단층에서는 단층을 따라 지자기이상의 어긋남을 맞추기 위해 단층의 북쪽을 남쪽에 대해 동으로 옮겨 놓아야만 했다.

이와 같은 어긋남에 대한 가장 간단한 답은 지자기이상의 줄무늬가 생긴 후에 단층을 따라 동서방향으로 어긋남이 생겼을 것이라는 해석이다. 그 한 예로서 파이오니어와 멘도시노 단층은 지자기이상의 줄무늬가 생긴 이후 단층을 따라 북쪽 부분이 남쪽 부분에 대해 서로 이동했을 것이라고 생각하면 된다. 이와 같은 이동으로 지자기이상의 줄무늬의 어긋남을 없애기 위해서는 앞에서 말한 바와 같이 단층에 연해 있는 북쪽 부분을 남쪽 부분에 대해 동으로 옮기지 않으면 안 되었던 것이다. 그러나 다만 이때 단층의 양쪽에 있는 해저 부분의 절대적인 이동에 관해서는 아직 알 수 없다. 예를 들어 멘도시노 단층의 이동 때 북쪽 부분이 서로 이동했는지 그렇지 않으면 북쪽 부분이 이동하지 않고 남쪽 부분이 동으로 이동했는지, 아니면 북쪽 부분과 남쪽 부분이 함께 동으로 이동했으나 다만 북쪽 부분의 이동량이 남쪽 부분의 이동량보다 약간 작았는지는 어떤지는 전혀 알 수 없다. 그러나 어떻든 단층을 따른 이러한 이동을 지질학자들은 수평단층(horizontal fault)이라고 부른다. 북동태평양에서의 파쇄대는 이러한 수평단층이라는 것이 과학자들의 일치된 의견이다.


## 변환단층


1965년 캐나다의 토론토 대학의 윌슨은 파쇄대에 대한 새롭고 독창적인 해석을 제창했다. 파쇄대에 대한 지금까지의 생각과 윌슨의 새로운 생각과의 차이점을 [그림 59]에 도시했다. [그림 59]의 위쪽 그림은 파쇄대를 수평단층이라고 생각한 종래의 생각을 도시한 것이다. 한편 아래쪽 그림은 파쇄대를 변환단층이라고 생각한 윌슨의 새로운 생각을 도시한 것이다.

그런데 변환단층이란 여태껏 아무도 생각하지 못한 새로운 형의 단층이다. 이 변환단층에서는 [그림 59] 아래쪽 그림의 AB, B'C와 같이 축이 어긋난 중앙 해령을 생각하게 한다. 그런데 중앙 해령에는 [그림 59]와 같은 축의 어긋남이 여기저기 있음을 볼 수 있다. [그림 59]의 아래쪽 그림에서 생각한 것은 이와 같은 중앙 해령인 것이다. 그리하여 중앙 해령으로 솟아

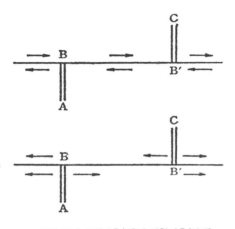

그림 59 | **수평단층**(위)과 **변환단층**(아래)

오른 물질은 여기에서 나누어져 좌우로 멀어져 가게 된다. 그 모습이 [그림 59]의 아래쪽 그림에서 화살표로 그려져 있다. 이와 같이 축이 어긋난 중앙 해령을 가정하고 여기에 지구자기장의 반전을 결부시킨다면 해양지역에서 관찰되는 지자기의 줄무늬의 어긋남은 쉽게 설명할 수 있을 것이다. 따라서 수평단층의 경우와는 달리 변환단층에서는 지자기이상의 줄무늬가 퇴적 즉시 이미 이루어졌던 것이다. [그림 57]에서는 이 생각에 따라 등연대선이 그려져 있다. 이처럼 변환단층과 수평단층과는 해양지역에서 관측되는 지자기이상의 줄무늬의 어긋남을 증명해 준다. 그렇다면 새롭게 알려진 변환단층이 과연 어떤 의의를 가지고 있는 것일까?

변환단층의 의의는 지자기이상의 줄무늬에 나타난 어긋남 이외의 분야에서 찾아야 한다. 이 점에 대해 자세히 논의하기 전에 먼저 변환단층과 수평단층과의 차이점을 명확히 해야겠다.

큰 차이점은 수평단층이 단층을 사이에 둔 상대속도의 어긋남이 좌우 방향으로 무한히 계속되는 데 반해 변환단층에서는 [그림 59]의 아래 그림의 BB' 부분에 한정된다는 것이다. 즉 BB' 부분보다 바깥 부분에서는 단층을 사이에 낀 상대속도가 0이 된다. 또한 변환단층과 수평단층과의 두 번째 차이점은 [그림 59]의 위쪽 그림과 아래쪽 그림에 나타낸 화살표로 잘 표시되어 있다. 즉 이들 화살표는 단층의 남쪽에 있는 지자기이상이 북쪽에서의 그것에 대해 동쪽으로 어긋나 있는 것을 설명하기 위한 화살표다. 따라서 [그림 59]의 위쪽 그림과 아래쪽 그림에서 BB' 부분의 화살표가 서로 반대 방향인 것에 특히 유의해야 한다.

## 지진의 연구가 변환단층설을 뒷받침하다

이러한 차이에 유의하면서 중앙 해령 부근에서 일어나는 지진의 자료를 정리하여 파쇄대의 변환단층설에 결정적으로 유리한 증거를 제공한 것이 라몬트지질연구소의 사이크스(L. Sykes)다. 그는 먼저 중앙 해령 근처에서 일어난 진원 위치를 정확하게 결정했다. 원래 지진의 진원을 결정하는 것은 지진학에서도 고전적인 분야에 속하는 것이다. 따라서 젊은 학자들 사이에는 그다지 인기가 없었다. 그러나 사이크스는 그런 것에 구애받지 않았다. 「묵은 술을 새 가죽 자루에 담는다」라는 격언이 있다. 이 말대로 진원 위치의 정밀한 결정이 파쇄대의 성격 결정이라는 지구과학에서의 최첨단의 문제해결에 큰 위력을 발휘했다. 그는 미국의 측지연구소(Coast and Geodetic Survey)의 주선으로 지구상의 약 100개소([그림 60] 참조)에 널려 있는 표준지진계의 기록을 이용했다. 그리하여 그는 여기에서 얻은 기록을

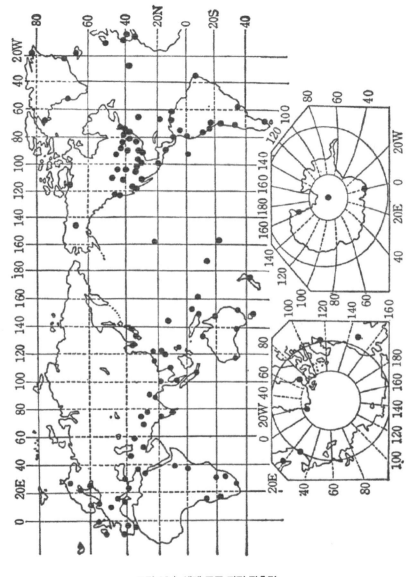

그림 60 | 세계 표준 지진 관측량

컴퓨터를 활용하여 중앙 해령 부근에서 일어나는 진원의 위치를 정확하게 결정하게 된 것이다.

그 결과는 놀라운 것이었다. [그림 59]의 아래쪽 그림과 같은 파쇄대 내에서 서로 어긋나 있는 중앙 해령의 축 사이에 끼인 부분(그림의 BB' 부분)에서만 지진이 일어난다는 것을 알아냈다. 파쇄대의 변환단층설로 보면 이것은 매우 이해하기 쉬운 결과라고 하겠다. 그것은 변환단층에서는 단층을 끼고 있는 양쪽 부분의 상대속도에 어긋남이 생기는 것은 [그림 59]의 BB' 부분뿐이기 때문이다. 즉 BB'의 연장 부분에는 단층을 사이에 끼고 양쪽 부분에서의 상대속도에 어긋남이 생기지 않는다. 다만 이 경우에 중앙 해령의 AB와 B'C에 솟아올라 좌우로 흘려버리는 대류의 속도가 같다고 가정한다면 단층을 사이에 낀 양쪽 부분의 상대속도는 같을 것이다. 이렇게 되면 그 부분에 무리한 응력이나 변형도 없을 것이며 따라서 지진도 일어나지 않을 것이다. 그러나 파쇄대의 수평단층설을 적용한다면 파쇄대에 연한 어느 부분에서도 같은 정도의 상대속도에 어긋남이 생긴다. 따라서 지진이 파쇄대의 어떤 부분에서도 일어날 수 있는 것이다.

이것은 관측결과와는 상치되는 것이다. 그리하여 수평단층과 변환단층과의 차이점에 주목하여 실시한 첫 번째 테스트는 윌슨이 제창한 변환단층설이 옳다는 확증이 내려지게 된 것이다.

다음에는 수평단층과 변환단층과의 두 번째 차이점을 살펴보자. [그림 59]의 위와 아래쪽 그림에는 지자기이상의 줄무늬의 어긋남을 설명하기 위해 생각해낸 수평단층과 변환단층의 모습을 보이고 있다. 그림을 보면 알다시피 양자의 BB' 부분에서는 단층을 사이에 낀 상대적인 어긋남의 방향이 반대로 되어 있다. 이 점에 주목하여 파쇄대의 성질을 밝힌 것 또한 사이스크다.

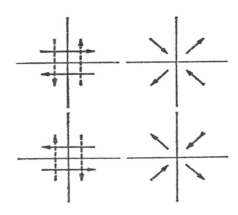

그림 61 | 지진파의 초동분포

그는 지진의 초동이 일어났을 때의 방향에 주목했다. 여기에서 초동이란 어떤 지점에서 지진이 일어났을 때 이것을 다른 장소에서 관측했다면 그 관측지점에 최초로 나타나는 지진파에 의한 지면의 움직임을 말한다. 초동의 방향에는 관측지점이 진원으로부터 밀리는 것 같은 움직임인 「밀어내기」와 관측지점이 진원으로 잡아끌리는 것 같은 움직임인 「잡아당기기」의 두 가지가 있다. 이를테면 [그림 61]의 위쪽 그림과 같은 어긋남이 진원에서 일어났을 경우 단층의 북서 측에 있는 관측지점에는 「잡아당기기」형의 초동이 올 것이다. 반대로 북동 측에 있는 관측지점에는 「밀어내기」형의 초동이 올 것이다. 또 동남과 남서쪽에 있는 관측점에는 「잡아당기기」와 「밀어내기」형의 초동이 오게 된다. 이에 반해 [그림 61]의 아래쪽 그림에 보인 변환단층에서는 곳곳에서 수평단층의 경우와는 반대 방향의 초동이 관측되기 마련이다.

중앙 해령 부근에서 일어난 지진에 대하여 사이크스가 확인한 결과로

는 [그림 51]의 아래쪽 그림과 같은 움직임이 있었다. 즉 여기에서도 파쇄
대의 변환단층설이 옳았다는 결론을 얻게 되었다.


## 산 안드레아스 단층은 변환단층이다

윌슨의 변환단층설이 거둔 또 하나의 빛나는 성과는 캘리포니아에 있
는 산 안드레아스 단층이 변환단층이라는 사실을 확인한 것이었다. 1장에
서 언급한 것과 같이 산 안드레아스 단층은 동태평양해팽을 북아메리카 대
륙으로 연장한 부분이다. 따라서 중앙 해령에 대한 지식을 바탕으로 하면
이 근처에서는 단층에 직각인 장력이 작용할 것이라 기대된다. 그러나 사
실은 이것과 반대로 단층에 따라 밀리는 힘이 작용하는 것으로 보였다. 이
밀리는 힘의 방향은 단층에 연해 있는 서쪽 부분을 동쪽 부분에 대해 북쪽
방향으로 옮기는 방향이었다. 산 안드레아스 단층을 둘러싼 이러한 사실은
수수께끼로서 오랫동안 지구과학자들을 괴롭혀 왔다. 이때 바인-매튜스의
이론으로 유명한 바인과 변환단층의 제창자 윌슨이 이 연구에 등장했다.
　바인과 윌슨은 산 안드레아스 단층이 수평 단층이 아니라 변환단층이
라고 제창했다. 즉 그들은 동태평양해팽 내의 어떤 해령에서 솟아올라 북
으로 흐르는 대류와 동북태평양해안에 가까운 해령에서 솟아올라 남으로
흐르는 대류를 생각했다. 물론 앞의 흐름이 뒤의 흐름보다도 서(西)에 있을
것이다. 이 가정이 성립되자면 산 안드레아스 단층이 그 북쪽 끝에서 또 한

그림 62 | 북아메리카 서방해역의 지자기이상

번 태평양으로 나온 밴쿠버섬 근처에 해령이 발견되어야만 한다. 이렇게 생각한 바인과 윌슨은 밴쿠버섬 근처의 지질도와 지자기이상도를 수집해 조사했다. 그리고 이 근처에서 해령의 축을 찾으려고 꾀했다. 그 결과는 대성공이었다. 그들이 찾던 해령이 실제로 발견되었던 것이다.

지자기이상의 줄무늬는 해령의 축에 대칭일 것이다. 이 원리를 머리에 두고 [그림 62]에 보인 지자기이상도를 관찰해보면 마침내 대칭의 중심축을 찾아낼 수 있다. [그림 62]에서 가는 선으로 표시한 후안 데 푸카(Juan de Fuca)와 고다(Gorda) 해령이 바로 그것이다. 더욱이 여기에서의 대류속도를 1년에 2.9㎝라고 가정한다면 이곳 지자기의 줄무늬는 [그림 49]에 나타난 지자기반전의 그림과 꼭 일치한다. 이리하여 해양저의 이동설과 변환단층설이 여기서도 다시 빛나는 성과를 거두게 되었다.

## 해저는 갱신한다

앞에서 언급한 것으로도 명백하듯이 맨틀대류설 및 대륙이동설은 새로운 색채를 띠기 시작했다. 이 새로운 생각을 해저이동설, 해저확장설 또는 해저갱신설이라고 한다. 여기에서는 해저갱신설이라 부르기로 하자. 새로운 뜻에서의 해저갱신설은 1950년대 중엽부터 미국의 헤스(H. Hess)나 디츠(R. Dietz)가 주장했다.

실은 해저갱신설에 대한 우선권을 놓고 헤스와 디츠 및 그들을 옹호하는 사람들 사이에 상당히 오랫동안 논쟁이 벌어진 일이 있었다. 이를테면 헤스를 지지하는 사람들은 헤스는 이미 1962년에 「해양저의 역사」라는 논문에서 이 설을 전개했고 디츠는 다만 이 생각에 '해양저확장설'이라는 매력적인 이름을 붙였을 뿐이라고 주장하고 나섰다. 이에 대해 당연히 디츠 측에서도 반론이 제기되었다. 과학에서는 잡다한 관측 사실에 생명을 부여하는 아이디어가 무엇보다도 존중되어야 한다. 이러한 아이디어의 독창성

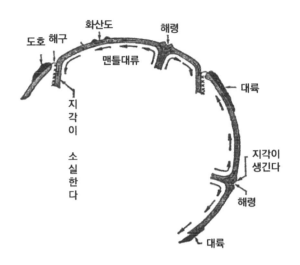

**그림 63 | 해저갱신설**

과 탁월성이 무엇보다 귀중한 것이다. 뭐라 해도 둘째는 그렇게 바람직한 것이 못 된다. 해저갱신설의 우선권을 둘러싸고 양측이 이와 같이 언쟁한 것도 이 때문이었다. 독창성을 존중하는 나라라는 점에서도 있을 법한 일이었다. 또한 헤스는 1962년 그의 논문을 지구의 시라는 뜻의 지오포트리 (Geopoetry)라고 불렀다. 학문의 최첨단에서는 과학과 시가 미묘한 융합을 이룰지는 모르겠다.

그들이 주장하는 해저갱신설을 자세히 풀이하면 다음과 같다. 맨틀대류가 중앙 해령 부분에서 솟아오르면 솟아오른 물질이 표층부부터 새로운 해양지각으로 형성된다. 일반적으로 해양지각의 두께는 약 5km이다. 이렇게 만들어진 해양지각은 맨틀대류에 실려 수평으로 운반되고 마침내, 해구 부분에서 맨틀대류와 함께 지구 내부로 잠입한다. 즉 중앙 해령 부분에서 항상 새로운 해양지각이 만들어지고 또 한편으로는 해구 부분에서는 계속해서 맨틀 내로 없어져 버린다. 이와 같이 중앙 해령에서 얻은 것을 해구에서 잃어버리게 됨으로써 해양저는 끊임없이 새로워지는 것이다. 실제로 해양저의 어떤 부분을 눈여겨보면 해양저는 중앙 해령에서 해구를 향해 이동하고 있다. 이를 해양저의 기대라고도 일컬을 수 있다. 즉 맨틀대류설의 주안점을 해양지각에 두면 해저갱신설이 되는 것이다.

해저갱신설에서는 중앙 해령 부분에서 새로운 해양지각이 만들어진다고 생각했다. 그렇다면 구체적으로 이곳에서 어떤 일이 일어나고 있을까? 앞에서 말한 헤스는 여기에서 맨틀물질인 감람암이 사문암으로 변한다고 생각했다. 감람암이 물과 공존할 때 500℃로 가열한 후 다시 냉각되면 사문암화 작용이 일어난다. 이것은 실험실에서도 확인되었다. 한편 디츠는 반려암(화학적으로는 현무암과 같다)의 고압상인 듀나이트(dunite)가 반려암으로 변한다고 생각했다. 그러나 두 사람 모두 해저 부분에서는 중앙 해령의 경우와 반대의 변화가 일어난다고 생각했다.

해저갱신설이 해양지각의 갱신을 주장했지만 대륙지각까지도 맨틀 내로 되돌아간다고는 주장하지 않았다. 이를테면 과거 2~3억 년간 대서양에서 일어난 맨틀대류가 대륙지각을 이동시켰어도 이것을 해구 부분에서 맨틀 내부로 밀어 넣지는 않았다는 것이다. 대서양 중앙 해령 부근에서 솟아오른 맨틀대류의 한 가지는 아메리카 대륙의 서해안에 있는 해구 부분에서 다시 맨틀 내로 되돌아간 것 같다는 것이다. 이 해구 부분이 아메리카 대륙을 삼켜버리기에는 아메리카 대륙이 너무나 크다고 느꼈기 때문일까.

이러한 뜻에서 해저갱신설의 주장을 가장 잘 나타내고 있는 것은 태평양 밑에 있는 맨틀일 것이다. 여기에는 대류에 실려 운반될 대륙도 없고 다만 동태평양해팽으로부터 태평양으로 뻗은 해구로 향하는 맨틀대류에 의해 해양저가 항상 갱신하고 있을 뿐이다.


## 해저퇴적물은 해저갱신설을 지지한다

해양저의 갱신을 입증하는 사실에는 적어도 두 가지가 있다. 그중 하나는 해저퇴적물의 두께이고, 다른 하나는 해양저의 나이다. 앞에서 설명한 것 같이 해저퇴적물은 한 알 한 알 오랜 세월에 걸쳐 퇴적된 세립으로 되어 있다. 최근에 이러한 해저퇴적물의 퇴적 속도를 계산할 수 있게 되었다. 그 구체적인 방법에 대해서는 이미 앞에서 설명했다. 거기서도 설명한 바와 같이 퇴적 속도는 1년간에 1㎜ 정도로 추산된다. 이것은 매우 느린 속도인 것처럼 생각된다. 그러나 우리가 생각한 시간으로서는 충분한 것이다. 가장 오래된 대륙의 나이가 35억 년이나 되기 때문이다. 해양저의 나이도 이 정도라 하고 앞에서 말한 퇴적 속도로 계산하면 그간에 퇴적된 퇴적층의 두께는 무려 3.5㎞나 된다. 그런데 실상 해저퇴적물의 두께는 수백 m에 불과하다. 이것은 해저의 나이가 길어야 2~3억 년이라는 것을 뜻한다. 대륙지각이 노령인데 비해 해저는 매우 젊다는 것을 알 수 있다.

그러나 이것을 해저갱신설로 비추어 보면 매우 이해하기 쉬운 결과라고 말할 수 있다. 해저갱신설에 따르면 해저가 해수 밑에 있는 기간은 이것이 중앙 해령 부분에서 생긴 후 해구에서 잠입해 들어가기까지의 기간인 것이다. 따라서 대서양을 만든 대륙이동의 역사도 다른 여러 가지 자료에 비추어 보면 그 기간은 길어야 2~3억 년 정도다. 이것은 앞에서 설명한 해저퇴적물의 두께로 계산한 나이와 일치한다.

만약 이 이론이 맞다면 해저 퇴적물의 두께는 중앙 부분에서는 얇고 해구 가까이에서는 두꺼울 것이다. 실제로 그런지는 아직 정확하게 확인되지 않았다. 그러나 그런 경향이라는 것이 이미 확인되었다. 특히 중앙 해령 부분에서는 퇴적물의 두께가 얇아 거의 0에 가깝다는 것이 확인되었다.


## 해저의 나이

해저갱신설을 입증하는 두 번째 증거인 해저의 나이에 대해 고찰해 보자. 여기에서 말하는 해저의 나이는 다음과 같은 두 가지 방법으로 결정된다. 첫째는 화석에 의한 연대결정 방법으로서 주로 해저퇴적물이 이용된다. 둘째는 방사성물질에 의한 연대측정방법으로서 이것은 주로 바닷속의 화산도에서 얻은 화성암을 이용한다. 이때 화성암의 나이란 걸쭉한 상태로 솟아나온 용암이 식어서 굳은 후부터 현재까지의 시간을 가리킨다.

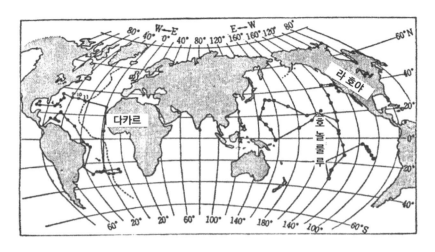

그림 64 | 지하심소자료채집계획

먼저 첫 번째 조사에 대해서 살펴보자. 이 분야의 연구에서 가장 뛰어난 것은 1968년부터 시작된 'JOIDES 계획'에 의한 연구이다. JOIDES는 'Joint Oceanographic Institutions Deep Earth Sampling'의 머리글자를 딴 것으로 여러 해양연구소가 공동으로 추진한 지하심소자료 채집계획이라는 뜻이다. 이 계획에 참가한 해양연구소로는 샌디에이고에 있는 캘리포니아 대학의 스크립스해양연구소, 뉴욕에 있는 컬럼비아 대학 라몬트지질연구소, 플로리다주 마이애미 대학 해양과학연구소, 매사추세츠주 우즈홀에 있는 우즈홀해양연구소, 워싱턴주 시애틀에 있는 워싱턴 대학 등이다. 이 계획은 심해저에서 깊이 1,000m에 이르는 보링을 실시하여 샘플 채집을 비롯한 여러 가지 연구관측을 하려는 것이다.

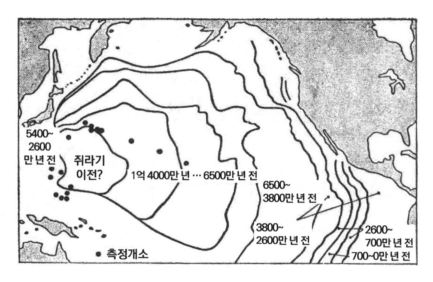

5400~
2600
만년 전    쥐라기
           이전?      1억 4000만 년 … 6500만 년 전

측정개소

6500~
3800만 년 전

3800~
2600만 년 전

2600~
700만 년 전
700~0만 년 전

**그림 65 | 심해굴착계획으로 밝혀진 태평양저의 나이**

앞에서도 말한 바와 같이 깊은 심해저에서의 퇴적 속도는 1,000년간 1㎜ 정도다. 따라서 만일 1,000m 두께의 퇴적물을 얻을 수 있다면 그것을 바탕으로 1억 년 전까지의 역사를 읽을 수 있는 것이다. JOIDES 계획에는 '글로마 챌린저'(Glomar Challenger)호라고 불리는 시추선이 동원되었다.

'챌린저'란 유명한 영국의 해양관측선의 이름을 따서 붙여진 것이다.

'글로마 챌린저'호는 1968년 8월부터 1969년 3월에 걸쳐 대서양과 멕시코만에서 보링을 실시했다. [그림 64]에 보링한 지점을 도시했다. 한 곳에서 평균 두 번 보링을 실시했다.

그 결과 [그림 64]에서 4와 5라고 적힌 지점에서는 지금으로부터 1억

4,000만 년 전인 상부쥐라기의 퇴적암을 채집할 수 있었다. 이것은 지금까지 대서양에서 채집된 퇴적암 중 가장 오래된 것이다. 또 9라고 적힌 지점에서는 수심 5,814m의 심해저에서 835m의 퇴적층을 뚫고 화성암에 도달하여 200g의 현무암 샘플을 채취했다. 이곳 퇴적층 가운데서 연대 결정이 된 가장 오래된 부분의 나이는 8,500만 년이었다. 지점 10에서는 기반에 도달하여 3m 두께의 용암을 채취했는데 기반에 접해 있는 퇴적층의 나이는 8,500만 년이었다. 지점 11에서는 두께 1m의 딱딱한 현무암의 샘플을 채취했는데 현무암 사이에 낀 퇴적층의 나이는 1,800만 년이었다. 이와 같이 중앙 해령 가까운 지점인 11에서의 해양저 나이가 중앙 해령으로부터 멀리 떨어진 9나 10에서의 해양저 나이보다 젊다는 것은 해저갱신설을 뒷받침해 주는 좋은 증거라고 할 수 있다.

태평양에서도 마찬가지 조사가 1969년 4월부터 실시되었다. 현재까지 얻은 결과를 [그림 65]에 도시했다. [그림 65]에서는 태평양저의 각 부분의 나이를 등고선 형태로 표시했는데 동태평양해팽을 중심으로 좌우로 향해 해저의 나이가 점점 오래된 것을 알 수 있다. 그리고 태평양저에서 가장 오래된 부분은 마리아나 해구의 동쪽, 캐롤라인 해구의 북쪽 부분이며 그 나이는 2억 년 조금 안 된다. 그런데 이 지역의 서쪽, 즉 필리핀해의 남쪽, 캐롤라인 제도 해역에 둘러싸인 부분에서는 나이가 갑자기 젊어져 1,500~5,000만 년에 불과하다. 이것은 동태평양해팽 부분에서 솟아나와 멀리 태평양을 넘어 이곳에 이른 해저가 해구 부분에서 맨틀 내로 사라져 갔음을 뜻하는 것이다. 아마 필리핀해의 남쪽 캐롤라인 제도 해역에 둘러

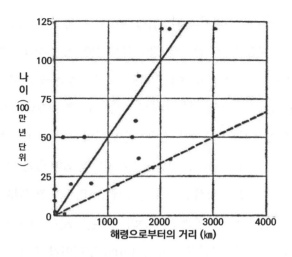

그림 66 | 대서양의 화산도 나이

싸인 나이가 젊은 부분에서는 무엇인가 다른 일이 일어났는지 모른다. 아무튼 이러한 결과는 해저갱신설을 입증하는 좋은 증거라고 할 수 있다.

다음에는 해저의 나이에 대한 두 번째 조사로서 방사성물질로 연대를 측정한 화산도의 나이에 대해 설명하겠다.

만약에 해저갱신설이 맞다면 바닷속에 있는 화산도의 나이도 중앙 해령의 축에서 멀리 떨어질수록 오래되었어야 할 것이다. 이것은 훨씬 옛날에 중앙 해령 부분에 생긴 오랜 화산도일수록 대륙이동에 의해 지금은 중앙 해령축에서부터 멀리 떨어진 곳에 옮겨졌을 것이기 때문이다. 그런데 실제 추측한 대로라는 것이 확인되었으며 이것을 [그림 66]에 도시했다. 이것은 대서양에 있는 화산도에 대한 결과로서 가로축에 화산도의 나이,

세로축에 중앙 해령으로부터 화산도까지의 거리를 나타냈다. 이 그래프가 거의 직선이 되는 것은 앞에서 말한 예측을 입증하는 것이다. 한편 이 직선의 경사에서 맨틀대류의 속도를 계산할 수 있다. 그 결과는 1년에 2~4㎝로 나타났다.

6장

# 맨틀대류와 태평양

6장

# 맨틀대류와 태평양

앞장까지 전개된 맨틀대류설이나 해저갱신설을 염두에 두고 이 장에서는 태평양과 그 주위의 지역을 돌아보기로 하자. 태평양의 각 지역에서 펼쳐지는 지질현상이 해저갱신설을 바탕으로 보기 좋게 설명되는 것을 우리는 보게 될 것이다.


## 화산도의 열

직선상으로 이어진 섬들의 열(列)이 있고 이들 섬의 나이가 중앙 해령의 축으로부터 멀리 떨어질수록 점차 오래되었다는 예가 많다. [그림 67]에 도시된 태평양의 여러 군도가 그 좋은 보기이다. 이들 군도 가운데에는 알래스카만의 프랫 웰커 해산(Flat Welker Seamount), 하와이, 마르키세스, 다우모스 간비에, 소사이어테, 오스트랄, 사모아, 캐롤라인 및 갈라파고스, 이스터 제도 등이 있다.

[그림 67]에서 화살표로 표시한 것처럼 위에서 말한 군도 가운데 처음

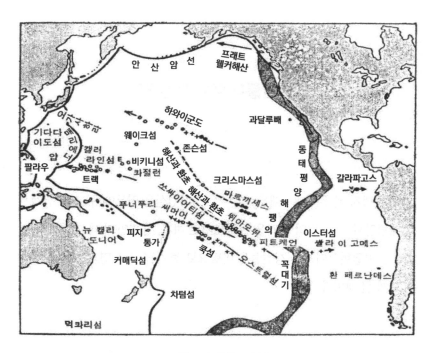

그림 67 | 화산도의 열

의 8개 군도는 동태평양해팽으로부터 서북쪽으로 향할수록 섬의 나이가 오래되었다. 한편 뒤의 2개 군도는 동태평양해팽으로부터 동쪽으로 멀리 갈수록 그 나이가 오래되었다. 다만 앞의 그룹에 속하는 사모아 제도만은 예외로서 여기에서는 동남쪽으로 갈수록 섬의 나이가 오래되었다.

이를테면 하와이 군도를 보면 군도의 동남단에 활화산이 있다. 서북쪽으로 갈수록 화산체는 더 심하게 침강과 침식을 받았으며, 진주만(Pearl Harbor)이 그 좋은 예이다. 이곳에서 다시 서북쪽으로 갈수록 침강은 더욱

190

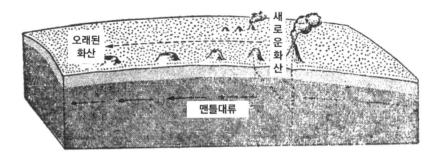

오래된 화산

새로운 화산

맨틀대류

그림 68 | 이동하는 화산도

심해져 작은 화산도나 현초(顯礁)가 나타난다. 더 서북쪽으로 가면 섬의 둘레를 둘러싼 거초(fringing reef)가 나타나며 이 안초는 마침내 보초(barrier reef)가 되고 다시 환초(atoll)가 된다. 서북쪽으로 더 나가면 해산이 나타나며 마침내 기요(guyot)가 나타난다.

이 화산도의 열은 동태평양해팽으로부터 태평양을 둘러싼 해구 쪽으로 향하고 있다. 이 점에서는 화산도의 열은 중앙 해령으로부터 옆쪽으로 뻗은 작은 해령과 비슷하다. 그러나 예를 들어 하와이 군도의 그것은 이들과 약간 다른 데가 있다. 하와이 군도의 경우는 그 동남단에 있는 가장 새로운 화산이 지금도 활동하고 있다. 더욱이 그 활화산은 동태평양해팽상에 있는 것이 아니라 그곳에서 훨씬 떨어져 있는데 이와 같은 현상이 일어난 것은 아마도 [그림 68]에 나타낸 것과 같은 메커니즘 때문에 생긴 것 같다.

[그림 68]에서는 화산을 이루는 용암의 원천이 맨틀 내부의 깊숙한 곳에 자리 잡고 있음을 보여 주고 있다. 그리고 용암은 그곳에서 곧바로 위로

올라와 표면에 유출된다. 그렇게 그곳에 활화산을 만든다. 그런데 용암의 원천보다 위쪽에 있는 상부맨틀에서는 맨틀대류의 흐름이 빠르다. 이 빠른 맨틀대류를 타고 이 근처의 지각은 북서로 북서로 이동해 간 것이다. 한편 맨틀의 깊숙한 곳에 있는 용암의 원천은 거의 움직이지 않는다. 그 때문에 지각과 함께 이동하는 화산은 마침내 용암의 보급로가 끊겨 바닷속으로 사라지게 된다. 그리고 용암의 보급로상에는 다시 다음의 새로운 화산이 생기게 되는 것이다.

## 판구조론

요컨대 앞에서 설명한 것에서 얻은 결론은 맨틀대류의 흐름이 맨틀 상부에서는 매우 빠르다는 것이다. 마치 제트기류와 같이 맨틀대류에서도 흐름이 어떤 깊이에서 집중적으로 특히 빠르다는 것이다. 맨틀대류의 흐름이 빠른 부분의 두께는 그다지 두껍지 않다. 기껏 두꺼워야 200㎞ 정도다. 따라서 태평양의 바다 밑에서 일어난 맨틀대류는 두께가 200㎞이며 너비는 수천 ㎞에 이른다. 맨틀대류는 접시와 같은 모양을 한 얇은 대류라 하겠다. 3장에서 이렇게 두께가 얇은 제트기류형의 대류가 맨틀 내부에 있을 것이라는 추측을 우리는 살펴보았다. 이 추측대로의 현상이 맨틀 내부에서 일어나고 있다는 것이 이렇게 해서 명확해진 것이다.

여기에서 다시 한번 [그림 41]에 나타낸 맨틀대류의 벡터도를 살펴보

자. 이 그림을 보면 점성계수가 작은 위층이 마치 하나로 연결된 널빤지와 같이 한 묶음이 되어 운동하고 있는 것을 알 수 있다. 이 점에 착안하여 맨틀의 가장 상층부와 해저지각이 하나가 되어 마치 강체의 판자와 같은 운동을 하고 있다고 생각하게 되어 판구조론(plate tectonics)이라고 부르게 된 것이다. 즉 우리가 제트기류형의 대류라고 부르던 것을 한편에서는 판구조론이라고 부른다. 그런데 [그림 41]에서는 맨틀만을 생각했을 뿐 그 위에 실려 있는 해저지각은 생각하지 않았다. 해저지각의 점성계수는 상부 맨틀의 그것보다는 훨씬 큰 것이다. 따라서 해저지각은 강체의 판과 같이 제트기류형의 대류에 실려 운반되는 것이다. 이런 점에서는 해저지각은 앞에서 설명한 빙하의 표면에 있는 껍질을 닮았다고 하겠다.

## 하와이의 화산과 지진

앞에서 상상한 것처럼 하와이에 있는 화산을 만든 용암이 맨틀 내의 상당히 깊은 곳에서 발생했다는 것에 대해 다음과 같은 재미있는 사실이 발견되었다. 1957년 이튼(J. P. Eaton, 1926~2004)과 무라다는 하와이섬과 그 주위의 섬에 11개의 지진계와 수 개의 경사계를 설치했다. 경사계란 지면 경사의 미세한 변화를 재는 계기이다. 그들의 관측에 따르면 하와이에 있는 활화산인 킬라우에아(Kilauea)나 마우나로아가 분화하기 수일 전부터 작고 수없이 많은 지진이 일기 시작한다. 이 지진은 작고 군발(群發)하는 것이 특색이다.

이것은 보통 지진처럼 큰 지진이 먼저 일어난 다음 지진의 규모가 점점 작아지는 것과는 다르다. 하와이에서 일어난 지진은 활화산의 바로 아래 60km 정도의 깊이에서 일어났다. 이 하와이 근처는 지각의 두께가 14km 정도다. 따라서 60km 정도의 깊이라면 그것은 맨틀 내라고 할 수 있다.

시간이 지날수록 진원의 깊이는 점점 얕아져 분화 직전에는 하루에 1,000회에 가까운 지진이 기록되었다. 그리고 지진이 지표에 도달하면 지진은 갑자기 없어지고 용암의 분출이 시작되었다. 또한 경사계도 특징적인 기록을 나타냈다. 즉 분화 직전에 화산의 원추가 부풀어 올라, 그 결과 꼭대기가 1~2m가 높아졌다.

더더구나 흥미로운 것은 1960년 1월의 분화인데 이때는 킬라우에아가 아직 분화를 계속하고 있었다. 그때 킬라우에아의 활발한 분화구로부터 50km 정도 떨어진 곳의 바로 아래에서 작고 수많은 지진이 일기 시작했다. 몇 주가 지나 지진은 멈추고 그곳으로부터 용암이 분출되기 시작했다. 5주간 그곳에서 분출된 용암의 양은 1억 2,000만 m³에 달했다. 그런데 50km 떨어진 킬라우에아의 원추는 같은 부피만큼 침강한 것이다.

이와 같은 사실은 용암이 맨틀 내에서 발생하며, 따라서 용암의 분출에 의해 지각에 새로운 용암이 덧붙여진다는 것을 나타낸 것이다. 한편 이것은 지진의 발생이 용암의 이동과 깊은 관계가 있다는 것을 나타내는 것이다.

## 산호초와 다윈의 해저침강설

앞에서 언급한 바와 같이, 예를 들어 하와이 군도에서는 서북쪽으로 가면 나갈수록 화산체가 보다 더 심한 침강과 침식을 받았다. 따라서 서북으로 갈수록 산호초는 암초에서 보초를 거쳐 환초로 변해간다. 또한 서북으로 가면 해산이 나타나며 마침내는 기요가 나타난다. 이러한 사실은 하와이 군도에서 서북으로 나가면 나갈수록 섬의 나이가 보다 오래되었고, 이 섬들이 침강하고 있음을 뜻하는 것이다. 서북으로 가면 갈수록 침식이 현저하다는 것은 섬의 나이가 그만큼 늙었다는 것을 말해 준다. 이에 대해서는 쉽게 이해할 수 있을 것이다. 그렇다면 위에서 말한 산호초 변형의 변화 과정과 침강 사이에는 어떤 관계가 있을 것이다. 또 섬의 침강과 그의 나이 사이에는 어떤 관계가 있을까? 다음에 차례로 이들에 대해 설명하기로 한다. 먼저 산호초 이야기부터 시작해 보기로 한다.

열대의 섬을 둘러싼 산호초는 눈이 부실 만큼 아름답다. 비행기 위에서 그 아름다운 모습을 내려다본 사람들은 평생 잊지 못할 것이다. 이 아름다운 산호초 문제를 과학적 정신을 가지고 연구한 최초의 사람이 진화론으로 유명한 찰스 다윈(Charles Darwin, 1809~1882)이다. 다윈은 1831년에 케임브리지 대학을 졸업하자 은사의 권유에 따라 2년 예정으로 해군의 측량함 '비글'(Beagle)호를 탔다. 비글호는 남아메리카의 대서양안을 남하하고, 다시 태평양안을 북상하여 갈라파고스, 타이티, 오스트레일리아, 태즈메이니아를 거쳐 영국으로 돌아왔다. 그러는 사이에 처음의 예정을 훨씬 넘어 5년이라는 세월이 흘렀다. 그러나 이 항해는 과학의 역사에 있어서 잊을 수 없는 성과를 거둔 것이다. 생물진화의 생각이 다윈의 머리에 떠오른 것도 이 무렵이었으며 또 여행기로서 고전 중의 고전이라고 일컫는 《비글호 항해기》(Journal of Research in the Natural History and Geology for the Countries Visited during the Voyage of H. M. S. Beagle round the World)가 씌어진 것도 이때의 일이다. 또한 앞으로 설명하려는 산호초의 진화에 대한 그의 생각도 이 여행 중 관찰에 바탕을 둔 것이었다.

다윈은 산호초를 다음 세 가지로 분류했으며 이 분류는 그 후에도 일반적으로 사용되고 있다.

**거초**: 조수가 낮을 때는 해안과 거의 이어져 버리는 산호초이다. 너비가 1㎞ 이상에 달하는 경우도 있다. 거초가 곧바로 외해로 면해 있는 곳도 있다. 그러나 많은 거초는 다음 보초에 의해 둘러싸인 비교적 얕은 갯벌의 안쪽에서 성장하고 있다.

**보초**: 보초는 갯벌을 지나 섬에서 수 ㎞ 떨어진 바다 멀리에 형성된다. 세계에서 가장 큰 보초는 오스트레일리아의 북동해안에 있는 그레이트 배리어 리프(Great Barrier Reef)로서 수천 ㎞에 걸친다. 바람맞이 쪽의 곳곳에 통로가 열려 있다.

**환초**: 보초와 비슷하나 다만 중심에 섬이 없다. 갯벌을 둘러싼 낮은 환상(環狀)의 섬 모양을 하고 있다. 환초도 바람맞이 쪽에 통로가 열려 있다.

산호는 전체의 군락(colony)에 공통적인 칼슘질의 골조로 되어 있다. 그리고 한 개체는 그 골조 가운데 컵 모양을 한 움푹 파인 오목한 모양을 하고 있다. 그리하여 산호의 다음 세대가 물속의 먹이를 찾아 성장함에 따라 석질의 골조도 위쪽과 바깥쪽을 향해 성장한다. 또한 산호질의 조류(藻類)가 있어 이것이 골조를 잇는 시멘트 역할을 한다. 그런데 산호는 바닷물 표면의 평균온도가 23~25℃ 되는 곳에서 가장 잘 성장하며 18℃ 이하에서는 살지 못한다. 따라서 산호는 남북으로 위도 30° 내의 적도에 가까운 지역에 한해 성장한다. 그리고 산호가 사는 물은 맑아야 하며 염분을 포함하고 있어야 한다. 또한 충분한 햇빛을 필요로 하기 때문에 산호는 30m보다 깊은 곳에서는 성장할 수 없다. 한편 산호의 위로 향한 성장속도는 종류에 따라 달라 1년간에 5~45㎜에 이르는 여러 가지 성장속도를 보여 준다. 그의

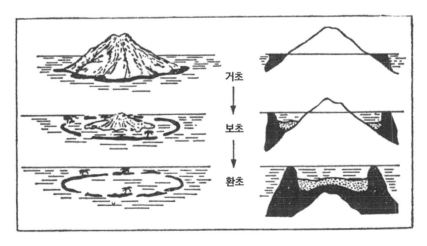

**그림 69 | 이동하는 화산도**

평균속도는 1년에 15㎜, 즉 70년에 1m 정도다.

이러한 산호의 성질을 바탕으로 다윈은 1837년에 모든 산호초는 하나의 성장과정을 밟고 있는 각기 다른 단계라는 것을 발표했다. 즉 이 경우에도 그는 사물을 진화하는 과정으로 풀이했던 것이다. 그에 따르면 모든 산호초는 먼저 화산도의 주위를 둘러싼 거초로부터 시작된다. 그리고 점차 화산도가 있는 해저가 가라앉는다고 생각했다. 이와 같은 섬의 침강에 알맞게 산호가 죽지 않고 성장했다고 하자. 이것은 앞에서 설명한 것처럼 산호는 70년에 1m 정도 성장하므로 그렇게 불가능한 일은 아니다. 이때 섬과 산호초 사이의 가라앉은 부분은 갯벌이 되어 보초가 된다. 침강이 더욱 계속되면 가운데에 있는 섬의 꼭대기가 보이지 않게 되어 보초는 환초로 변한다. 그 변화하는 과정을 [그림 69]에 도시했다. [그림 69]에서는 위로부터 아래를 향해 시간이 경과했을 것이라고 생각한 것이다.

## 확인된 해저침강설

다윈처럼 섬이 침강했다고 생각하는 대신 바다 수면이 그만큼 높아졌다고 생각해도 같은 결과가 나온다. 1910년에 미국의 지질학자 데일리(Reginald Aldworth Daly, 1871~1957)가 제안한 산호초의 '빙하제약설'은 이 점에 유의하여 착안한 이론이다.

지금으로부터 2만 년 전까지도 지구는 빙하기였다. 바다의 많은 물이 얼음이 되어 육상에 얹혀 있었으므로 바다 수면이 빙하기가 아닌 때보다도 50~100m 정도 낮았다. 많은 섬이 해면상으로 떠올라 그 주위에 발달했던 산호초는 섬과 함께 거친 파도에 깎였다. 또 빙하기의 수온은 낮았기 때문에 새로운 산호초는 성장할 수 없었을 것이다. 따라서 빙하기보다도 앞서 생긴 산호초는 거의 살지 못하게 되었을 것이다. 마침내 빙하기가 끝나고 해수도 따뜻해짐에 따라 산호도 성장하기 시작했다. 또한 점차 바다 수면이 높아지고 해수면의 상승에 보조를 맞추어 산호가 성장했다고 하면 [그림 69]에 표시한 것과 거의 같은 현상이 일어났을 것이다. 이 데일리의 이론은 산호초의 갯벌의 깊이가 거의 동일한 50~100m라는 사실을 잘 설명하고 있다. 이처럼 일정한 갯벌의 깊이야말로 빙하 시대의 바다 수면이 오늘날보다 낮았다는 해수면 저하량을 입증하는 것이라 여겨지기 때문이다.

그러나 오늘날에 와서는 데일리의 빙하제약설은 다윈의 침강설을 보완한 데 지나지 않는다는 것을 알게 되었다. 다윈의 침강설에서 요구되는 것과 같은 화산도의 침강이 시추에 의해 확인되었기 때문이다. 지금까지 조사된 바에 따르면 그 침강량은 1,500m까지 이르고 있다. 이러한 결과를 데일리의 이론으로 실현시키려면 1,500m에 이르는 해수면의 상승을 생각하지 않으면 안 된다. 앞에서 언급한 바와 같이 해수면의 상승은 기껏해야 100m에 불과한 것이다. 그 15배에 달하는 해수면의 상승은 빙하제약설로서는 도저히 풀이할 수 없다.

여기에서 다시 다윈의 침강설로 되돌아가 보자. 다윈은 1881년에 그의 친구인 아가씨에게 다음과 같은 편지를 보냈다. 「어떤 돈 많은 사람이 산호초에 대한 나의 학설을 증명하기 위해 태평양이나 인도양의 산호초에 시추를 하게 해줄 사람이 있었으면 좋겠다.」 그런데 이 아가씨는 지구에 빙하 시대가 있었다는 사실을 최초로 밝혀낸 스위스의 유명한 지질학자의 아들이었다. 이때 다윈의 제안을 받아들여 런던의 왕립학회(Royal Society)가 남태평양의 피지(Fiji)섬에 시추할 자금을 제공했다. 시추는 깊이 400m에까지 이르렀다. 이 깊이에서도 아직 산호가 성장하고 있는 위치라는 것이 확인되어 다윈의 생각이 입증되는 듯이 보였다. 그러나 가라앉은 화산도의 본체에는 도달할 수 없었고 결국 문제의 해결을 보지 못했다.

그런데 마침내 산호초의 기반이 된 화산도의 암석을 손에 넣는 날이 찾아왔다. 이것은 다윈이 침강설을 제안하고부터 100년의 세월이 지난 후였다. 즉 수폭실험장(水爆實驗場)으로 선정된 비키니(Bikini)와 에니웨톡(Eniwetok)섬은 산호초의 섬이었다. 이 부근의 해저를 조사하기 위해 깊은 시추와 지진탐사가 실시되었다. 지진탐사 결과 갯벌 아래 2,000~3,000m의 깊이에 현무암이라고 생각되는 딱딱한 기반이 있으며 그 위에 퇴적물이 쌓여 있다는 것이 확인되었다. 한편 800m의 깊이에서도 산호가 있었으며 마침내 1950년에는 깊이 2,000~4,000m 부근에서 화산회(火山灰)를 함유한 현무암을 채취하는 데 성공했다. 이 깊이에서 드디어 산호초의 기반이 된 화산도에 도달한 것이다. 이로써 다윈의 침강설이 그 확증을 잡게 된 것이다.

한편 1952년에는 비키니섬의 서쪽에 있는 에니웨톡섬에서 시추가 두 군데 실시되었다. 그중 하나는 1,500m의 깊이에서 굳은 기반에 닿았으나 암석의 샘플은 채취하지 못했다. 그러나 유공충(有孔蟲)이나 산호의 화석이 채집되어 1,000~5,000만 년 전의 오래된 것임이 확인되었다. 도중에 100만 년 정도의 옛것이 없는 것은 아마 빙하기에 깎여 없어진 것으로 여겨졌다. 이 점만 보면 데일리의 이론도 확인된 셈이다.

다른 하나의 시추에서는 1,400m의 깊이에서 전부 5m의 길이에 달하는 현무암을 채집하는 데 성공했다. 즉 이 화산도는 5,000만 년 동안에 1,400m나 침강한 것이다. 이것은 1년에 0.03㎜의 속도다. 따라서 앞에서 말한 것처럼이 산호의 연간 성장속도는 평균 14㎜이므로 산호가 섬의 침강 속도에 따라 위로 성장하기 위한 충분한 시간의 여유가 있었다고 하겠다. 이렇게 산호초에 관한 다윈의 침강설은 완전한 증거를 얻은 것이다. 이것과 함께 1,500m에 이르는 태평양의 침강이라는 새 사실이 알려졌다.

## 기요도 해저의 침강을 입증한다

산호초 연구로 명확해진 태평양의 해저침강을 더욱 잘 입증해 준 것이 기요의 발견이다. 제2차 세계대전 말기에 가까운 무렵 태평양을 항해하는 미국의 수송선 위에서 음향측탐기에 나타난 해저의 지형에 깊은 흥미를 가진 학자가 있었다. 그는 프린스턴 대학의 암석학 교수인 헤스였다. 1969년에 죽은 헤스는 그 무렵 군에 복무하고 있었다.

그가 발견한 해저지형은 해저로부터 4,000m나 높이 솟아 있는 정상이 평탄한 해산이었다. 더구나 이 해산의 머리는 해면으로부터 1,000m의 깊이에 있었다. 1946년에 발표된 논문에서 헤스는 이 해산은 한때 화산도였으며 해상에 그 모습을 나타내고 있었을 때 해면상의 머리 부분이 깎여 평탄하게 되었다가 침강한 산이라고 풀이했다. 그가 최초로 발견한 해산은 에니웨톡 환초의 남쪽에 있었다. 헤스는 이 해산을 기요라고 명명했다. 기요라는 이름은 19세기의 스위스의 지리학자 아놀드 기요(Arnold Henry Guyot, 1817~1884)를 기리기 위해 붙인 이름으로 기요는 프린스턴 대학의 지질학 과목을 창설한 사람이기도 했다.

요컨대 해면 아래로 가라앉은 꼭대기가 평탄한 해산을 기요라고 한다. 1946년 헤스의 논문에는 하와이로부터 마샬 군도 사이에 140개의 같은 모양의 지형이 있다고 했다. 이 중부 태평양의 기요에 관해서는 그 후 상세하게 연구되었다. 평탄한 꼭대기나 사면에서 채취된 암석이나 화석에서 기요의 생성과정에 대한 여러 가지 정보를 얻게 되었다. 그런데 정상에서는 둥근 화산암의 자갈들이 많이 채집되었다. 이 잔자갈들은 그 옛날에 파도에 씻긴 화산도였다는 것을 말해 주는 것이다. 또한 채집된 화석은 산호나 조개껍질이었다. 더욱이 산호초와 함께 있을 석회조(石灰藻)도 발견되었다. 화석 중에는 지금으로부터 1억 년 전인 백악기에 이미 절멸된 것도 있었다. 이러한 사실은 기요가 해면 위에 머리를 내밀고 있었던 것이 지금으로부터 약 1억 년 전이라는 것을 말해 주는 것이다. 따라서 그 무렵에 해면 위에 머리를 내밀고 있던 화산도가 파도에 깎이어 기요와 같은 평탄한 꼭대기가 생기게 된 것이다. 그 후에 이와 같은 화산도와 더불어 태평양의 해저가 가라앉은 것이다.

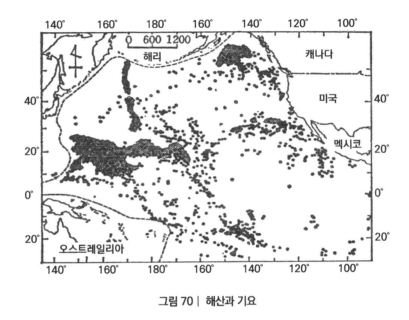

**그림 70 | 해산과 기요**

앞에서도 이야기한 것처럼 기요의 꼭대기에서 산호가 채집되었다. 더구나 수많은 작은 산호초가 성장을 시작하려는 모습도 볼 수 있었다. 그러나 해저의 침강속도가 너무 빨랐기 때문에 산호의 성장속도가 이를 뒤따르지 못했을 것이다. 그래서 산호가 성장할 수 없게 되어 산호초를 이루지 못했던 것이다. [그림 70]은 태평양에 있는 해저화산의 분포를 도시한 것이다.

이 지도에서 사선으로 나타낸 부분에만 기요가 발견되었으며 이것이 뒤에 설명할 유명한 태평양의 안산암선이다. 이 안산암선 가까운 부분에만 기요가 있다는 것도 역시 눈여겨 볼만한 일이다.

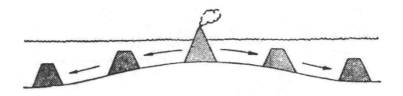

**그림 71 | 기요의 생성원리**

## 침강은 해저의 이동으로 일어났다

이상으로 우리는 거초로부터 보초로, 다시 환초로 변해가는 산호초의
생성과정이 침강과 깊은 관계가 있다는 것을 알았다. 그렇게 보면 태평양
의 깊이도 동남으로부터 서북을 향해 점점 깊어져 있는 것이다.

하와이 군도는 서북으로 가면 갈수록 나이가 더 오래되었고 침강이 더
욱 심한 데는 무슨 사연이 있다는 것을 말해 주는 것이다. 그 사연이야말로
맨틀대류와 해저의 이동이다.

이 부근의 해저는 동태평양해팽으로부터 해구로 향하는 맨틀대류에 실
려 동남에서 북서로 이동했다. 따라서 어느 화산도에 눈을 돌리면 시간이
흐르면 흐를수록 그 화산도의 위치는 보다 더 서북쪽에 있게 된다. 그런데
맨틀대류의 자유표면은 해팽 부분에서 높고 해구 부분에서는 낮다. 따라서
시간이 흘러 화산도가 서북쪽으로 갈수록 보다 더 침강하게 된다. 이러한
사실은 요컨대 태평양에 흩어져 있는 군도나 산호초, 그리고 기요도 동태평
양해팽으로부터 해구로 향해 흐르는 맨틀대류의 존재를 말해 주는 것이다.

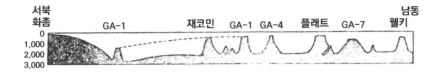

**그림 72 | 해구에 가라앉은 해산**

　이렇게 서북쪽으로 점진한 화산도나 산호초, 그리고 기요에게는 어떠한 운명이 기다리고 있을까? 해저갱신설은 이들이 해구 부분에서 맨틀 내로 잠입하여 사라진다고 예언하고 있다. 그리고 실제 그런 일이 일어났다는 것을 입증하는 다음과 같은 사실이 있다.

　[그림 72]는 알래스카만의 단면도다. 그림의 오른쪽에서 왼쪽으로 진행한 기요 중 GA-1이 막 알래스카 해구 밑으로 가라앉아 가는 모습이 잘 나타나 있다.

## 맨틀 속으로 잠입한 물의 행력

　태평양을 둘러싼 안산암선이라는 것이 있다. [그림 70]에 그 안산암선이 표시되어 있다. 일본은 안산암선의 바깥에 있다. 안산암선 안에 있는 화산의 용암은 감람석이 많이 함유된 현무암이다. 안산암선의 바깥에 있는 화산의 용암은 석영안산암이나 안산암이 많이 함유되어 있다. 또한 안산암선은 해양성의 지각을 가진 부분과 대륙성의 지각을 가진 부분이 경계를 이루고 있다.

암석학적 조사에 의해 안산암이나 석영안산암은 현무암질 마그마와 대륙지각을 만드는 시알(sial)성의 암석과 혼합되어 생긴 것이라는 설이 지금은 꽤 확실해졌다. 따라서 현무암질 마그마가 맨틀로부터 올라온다는 것이 틀림없다면 앞에서 말한 안산암선의 두 가지 특성은 이를테면 하나의 특성으로서 이해할 수 있을 것이다.

해저갱신설에 비추어 볼 때 안산암선은 어떠한 의미를 가지고 있는 것일까? 다음에 이것에 대해 설명해 보자.

해저갱신설에서는 해구 가까이에서 해양지각과 그 아래에 있는 상부맨틀이 대륙 아래에 있는 맨틀 속으로 잠입한다고 생각한다. 그런데 해양지각 위에는 퇴적물이 쌓여 있으며 그 위에는 해수가 있다. 따라서 퇴적물도 그에 포함된 해수나 퇴적물 위에 있는 해수의 일부도 해양지각이나 그 밑에 있는 상부맨틀과 함께 대륙 밑에 있는 맨틀 속으로 잠입해 들어갈 것이다. 이렇게 해서 맨틀 내에 말려든 물질은 마침내 온도가 높아진다. 제1장의 마지막에서 설명한 것처럼 여기에서 일어나는 온도상승의 메커니즘은 해저갱신설을 둘러싼 수수께끼의 하나다.

그렇지만 온도상승이 일어나고 있다는 것만은 확실하다. 이렇게 해서 온도가 올라 움직이기 쉽게 된 물질이나 혹은 녹은 물질은 그대로 곧장 위로 솟아올라 안산암이나 석영안산암질 용암을 만든다. 그러나 말려 들어간 물질의 대부분은 듀나이트가 되어 다시 아래쪽으로 운반될 것이다. 고압

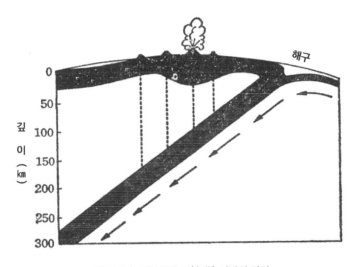

그림 73 | 일본 도호쿠(東北) 지방의 단면

아래에서 현무암이 듀나이트로 변한다는 것은 이미 실험에서도 확인되었다. 이렇게 해서 아래로 운반된 듀나이트 중 일부는 계속된 온도상승으로 녹아 현무암질 용암이 되어 지상으로 솟아오른다. 해구로부터 멀리 떨어진 대륙에서 볼 수 있는 현무암질의 화산은 이렇게 해서 만들어진 것이 아닌가 생각된다.

여기에서 설명한 안산암질 용암의 성인론(成因論)이 그렇게 틀리지 않다는 것을 입증하는 다음과 같은 사실을 들 수 있다. 즉 화산이 폭발할 때 걸쭉하게 녹은 용암이 화산회와 같이 가루로 된 물질을 분출한다. 이때 분출한 물질의 전 부피에 대한 가루로 된 물질로 백분율을 폭발지수라고 부른다. 그런데 안산암선의 안쪽에 있는 해양성 화산에서는 이 폭발지수가 3%

를 넘는 경우가 없다. 그러나 안산암선의 밖에 있는 화산에서는 폭발지수가 높아 보통 80~100 범위 내에 있다. 즉 안산암선을 경계로 해서 대륙 쪽에 있는 화산에 높은 압력의 가스가 많다는 것을 의미하는 것이다. 그런데 이 고압가스의 대부분은 수증기이다. 즉 대륙 쪽에 있는 화산의 분출물이 바다에 있는 화산의 분출물보다 수분을 더 많이 함유하고 있다는 역설적인 결과가 나온다. 아마 이러한 수분은 앞에서 말한 바와 같이 맨틀대류에 휩쓸려 들어간 해양성 지각 위에 있던 퇴적물에 함유된 것일 것이다. 즉 대류와 함께 맨틀 내에 잠입해 들어간 수분이 안산암질 용암에 섞여 다시 지상에 나타난 것이다.

지질학이 시작된 초기에는 해수가 땅속으로 스며들어 지하의 고온에 의해 수증기로 변한 것이 화산의 분화를 일으킨다고 생각했다. 이 생각에 따르면 화산은 바다 가까이에만 있게 된다. 그러나 바다로부터 멀리 떨어진 내륙에서도 다량의 용암이 발견되었으며 중앙아프리카나 몽고 지방에도 활화산이 있다는 것을 알게 되었다. 이리하여 해수에 의한 화산의 성인설은 성립될 수 없게 되었다. 그러나 오늘날에는 적어도 태평양 주변에 있는 화산에서는 해수가 중요한 역할을 하고 있다는 생각이 다시 일기 시작했다.

아무튼 이렇게 해서 해양지각과 함께 맨틀 내에 파고 들어간 해수의 행방을 더듬을 수 있게 되었다. 태평양을 둘러싼 화산에서는 수증기로 분출되어 다시 지상으로 되돌아온다. 지상으로 되돌아온 물은 강물이 되어 다시 바다로 흐를 것이다. 한편 이렇게 해서 생긴 바닷물의 대부분은 해수면에서 증발하여 다시 지상으로 돌아온다. 그러나 해수의 일부는 해저 지각과 함께 또다시 맨틀 속으로 스며들 것이다. 만물의 생생유전(生生流轉)하는 모습이 여기에서도 잘 나타나 있다.

## 나트륨의 순환

해수 중 무기물을 대표한다고 할 수 있는 나트륨에 대한 연구에서도 같은 결론을 얻을 수 있었다. 칼슘, 마그네슘, 칼륨, 철, 규소와 같이 암석을 만드는 다른 원소와는 달리 나트륨은 해저에 가라앉는 일이 적고 수중에 용해된 상태로 있다. 따라서 해수에 농축되어 있는데 이 나트륨의 성질을 이용하면 바다의 나이를 계산할 수 있다. 즉 해수는 원래는 담수였고 또 강물이 매년 실어 나른 염류가 축적되어 해수가 짜졌다고 가정한다. 지금 우리는 해수의 염분의 양을 알고 있으며 또 매년 강물로써 운반되는 염분의 양도 계산할 수 있다. 따라서 전자를 후자로 나누면 바로 바다의 나이가 나온다. 이렇게 계산한 바다의 나이는 2억 5,000만 년이었다. 이것은 지구의 나이인 45억 년에 비하면 매우 짧은데 5장에서 설명한 해저의 나이와 거의 일치한다는 점이 주목된다. 이것은 위에서 계산한 나이가 바다의 나이가 아니라 오히려 나트륨이 해수에 머무는 평균 시간이라는 것을 의미하는 것이다.

나트륨이 해수로부터 대륙의 암석으로 되돌아가는 경로로는 다음의 두 가지를 생각해 볼 수 있다. 그중 하나는 해저의 퇴적물이나 해수가 맨틀대류에 실려 대륙지각 아래로 파고들어가 거기에서 어떤 과정을 거쳐 안산암질 용암이 된다는 것이다. 또 하나는 지향사에 쌓인 퇴적물이 깊은 곳으로 파고들어 여기에서 나트륨이 틈새기에 농축되어 마침내 변성작용이나 화강암화 작용을 받아 고정된다는 두 가지 경로다. 그런데 화강암화 작용이라는 것은 퇴적암이 화강암으로 변화되는 어떤 종류의 작용이다. 이 경우는 화강암을 화성암이라 하지 않고 변성암이라 한다. 이와 같이 보통의 퇴적암이 화강암으로 변성될 때 퇴적암에 가장 부족한 원소는 나트륨인 것이다. 위에서 말한 것과 함께 생각하면 이것은 눈여겨볼 만한 가치가 있는 일이다.

## 다이아몬드의 성인

해저퇴적물에 섞여 맨틀 내로 말려 들어간 물질로서 유기물 중의 탄소와 질소를 생각할 수 있다. 이 탄소와 질소가 걷는 운명에 대해 생각해 보자.

탄소 및 질소를 포함하는 암석(규산염)의 일부가 맨틀 내로 깊숙이 파고들수록 용해되어 마침내 마그마가 발생한다. 700km나 되는 깊은 곳에서도 지진이 발생하는 것을 생각하면 이렇게 깊은 곳에서 용해되는 암석도 있을 것이다. 이때 탄소는 규산염의 용매 속에 용해된 상태로 있게 된다. 이렇게 생긴 마그마는 맨틀 내에서 상승하는 도중 깊이 500km 부근에서 용매 중의 탄소가 다이아몬드로 정출(晶出)되는 것이다. 그러나 이보다 위쪽인 가령 100km의 깊이에서는 다이아몬드는 불안정하다. 따라서 500km의 깊이에서

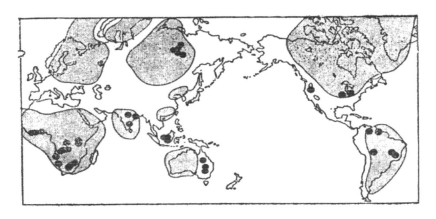

**그림 74 | 다이아몬드의 산지**(검은 점)**와 대륙순상지**(大陸楯狀地)(회색 부분)

정출된 다이아몬드가 다시 한번 용액 중에 녹지 않으려면 다이아몬드를 함유한 용액이 깊이 100㎞ 부근을 수 시간이라는 아주 짧은 시간 내에 솟아오르지 않으면 안 된다.

실은 이것은 영국의 결정학자 프랭크(Frank)가 제창한 다이아몬드 생성론이다. 프랭크는 결정 중의 전위에 관한 이론적인 연구나 나선전위를 매개로 한 결정의 소용돌이 생장론으로 유명한 학자다. 위에서 설명한 그의 다이아몬드 생성론은 다이아몬드에 대해 현재 알려진 관찰사실의 거의 모든 사항을 해명했다. 여기에서는 그중에서 다이아몬드 산지(産地)의 지리적 분포에 대해서 고찰해 보자.

[그림 74]에 다이아몬드의 산지를 도시했다. 지도 가운데서 회색으로 칠한 부분이 순상지라고 불리는 곳으로 지질학적으로 안정된 지역이다. 제

1장에서도 말한 바와 같이 대륙은 바다 쪽을 향해 성장한다. 대륙의 바다에 접한 부분이 성장의 앞부분인 것이다. 이에 대해 순상지는 성장이 끝나이미 노화된 부분이다. 그런데 [그림 74]를 보면 다이아몬드는 순상지의 가장자리에서 산출된다는 것을 알 수 있다.

이와 같은 순상지의 가장자리에서는 지하 700㎞ 정도의 깊은 곳에서심발지진이 일어나는 경우가 많다. 시베리아의 다이아몬드 산지 등이 좋은예다. 그리고 아프리카와 같이 현재는 심발지진이 일어나지 않는 곳이라도지질시대의 어떤 시기에는 이러한 심발지진이 일어났었을 것이다. 아무튼규산염 용액에 의한 탄소의 용해는 700㎞ 정도의 깊이인 심발지진면에서일어났다는 프랭크의 생각은 이러한 배경을 가지고 있다.

앞에서도 말한 바와 같이 500㎞ 정도의 깊은 곳에서 정출된 다이아몬드는 그보다 얕은 곳에서 다시 용해되지 않기 위해 그 근처를 빠른 속도로 통과하지 않으면 안 된다. 일본 같은 화산지역에서는 깊은 곳에서 올라온 마그마가 수십 내지 150㎞ 정도의 깊이에서 일단 정지하여 마그마류(magma chamber)를 만든다. 이런 경우에는 모처럼 정출된 다이아몬드가 용해돼 버린다. 이에 반해 순상지의 가장자리에서는 어떤 우연한 동기로 수백 ㎞의 깊은 곳과 지표를 잇는 틈이 생겨 다이아몬드는 수 시간 정도의 짧은 시간에 이 부분을 통과하여 지표에 나타나게 된다. 이것이 다이아몬드가 순상지의 가장자리에서 생성되는 이유다. 맨틀대류설은 이와 같은문제와도 깊은 관련이 있다는 것은 사실이다.

## 태평양을 둘러싼 단층계

거의 수직인 단층면을 사이에 둔 양측 부분이 서로 수평 방향으로 움직이는 경우를 종종 볼 수 있다. 이러한 단층을 수평단층이라고 부른다. 이것을 그림으로 도시하면 [그림 75]와 같다. [그림 75]의 왼쪽 그림은 단층의 저쪽이 이쪽에 대해 왼쪽으로 움직였다. 단층의 저쪽에서 이쪽을 보아도 같은 결과가 될 것이다. 이와 같은 단층을 좌수향 단층(sinistral fault)이라고 부른다. 이에 반해 오른쪽 그림은 단층의 저쪽이 이쪽에 대해서 오른쪽으로 움직였다. 이러한 단층을 우수향 단층(dextral fault)이라 부른다.

이러한 수평단층에서 가장 유명한 것이 미국의 캘리포니아 주에 있는 산 안드레아스 단층이다. 이 산 안드레아스 단층은 우수향이다. 즉 산 안드레아스 단층의 움직임은 태평양이 북아메리카 대륙에 대해 서북쪽으로 움직인 운동이며 또는 북아메리카 대륙이 태평양에 대해 남쪽으로 움직인 운동이다.

그간 단층의 양쪽에서 수십 년간에 걸쳐 정밀한 측정이 이루어졌다. 측

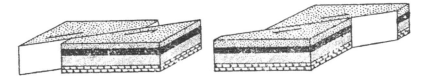

**그림 75 | 수평단층, 좌수향(좌)과 우수향(우)**

량결과 단층을 사이에 두고 연간 5㎝의 속도로 우수향의 움직임이 있었다는 것을 알아냈다. 이 움직임을 100만 년간으로 환산하면 50㎞가 될 것이다. 그런데 실제로 이에 가까운 움직임이 있었다는 것이 확인되었다. 예를 들어 단층의 동쪽에서 플라이스토세 중기(지금으로부터 약 100만 년 전)의 셰일(shale)의 자갈과 화강암의 자갈로 된 접합점이 발견된 것이다. 그런데 단층의 서쪽에서는 같은 접합점이 동쪽보다도 15㎞만큼 서쪽으로 밀린 곳에 있다. 이것은 단층을 끼고 우수향의 운동이 그간 100만 년간 15㎞, 즉 1년에 1.5㎝씩 움직였다는 것을 나타내는 것이다. 이것은 앞에서 말한 연간에 5㎝라는 움직임과 거의 같은 수치다. 즉 5㎝와 1.5㎝의 차이는 단층을 사이에 둔 운동이 최근에 그 속도가 빨라졌다는 것을 뜻하는 것인지도 모른다.

같은 조사로 지금으로부터 1억 4,000만 년 전의 쥐라기가 끝날 무렵부터 현재까지의 단층을 사이에 둔 우수향의 운동이 약 500㎞에 이르렀다는 것이 확인되었다. 즉 지금까지 1억 4,000만 년간의 움직임은 평균 연간 0.35㎝가 된다. 따라서 이 수치는 최근 100만 년간의 움직임에 비해 그 속도가 1/4 정도에 불과한 것이다. 같은 방향의 움직임이 1억 4,000만 년간이나 계속되고 단층을 사이에 두고 500㎞나 움직였다는 것은 놀라운 사실이다.

이 부근에서는 1906년에 유명한 샌프란시스코 지진이 일어났다. 이 지진에 수반하여 단층면에서 보여 준 움직임도 우수향이었다. 이때 단층을 끼고 움직인 운동은 최대 6m에 달했다. 즉 이 부근에서는 지진으로 인한 지면의 급격한 움직임과 지질학적인 시간 스케일로 본 지면의 완만한 움직임이 서로 방향이 같다는 것을 알 수 있었다.

만일 이러한 움직임이 수억 년간 계속되었다고 하면 그 움직임이 맞닿는 전면에서는 가령 산이 생긴다는 등 엉뚱한 일이 일어났을 것이다. 또한 움직임 뒤에 남는 후면에서도 무엇인가 전혀 다른 현상이 일어났을 것이다. 그러나 아무리 조사해 봐도 움직임의 전면이나 후면에서 그와 같은 두드러진 현상이 나타나지 않았다. 이것이 산 안드레아스 단층을 둘러싼 하나의 수수께끼였다. 그러나 산 안드레아스 단층이 수평단층이 아니라 변환단층이라고 단정함으로써 이 수수께끼가 명확하게 설명될 수 있다는 것은 앞에서 이미 언급했다.

한편 뉴질랜드의 알파인 단층도 여러 가지 점에서 산 안드레아스 단층과 비슷하다. 그 움직임은 우수향으로 쥐라기 이후 수평의 움직임은 1년에 약 0.3㎝이었다. 그러나 여기에서도 최근의 움직임이 1년에 약 1㎝로 늘어났다. 한편 알파인 단층에서는 산 안드레아스 단층과는 달리 단층을 낀 수직의 움직임도 보였다. 이 때문에 여러 곳에서 편암(片岩)이 기어 올라와 퇴석(堆石) 위에 나타났다. 이것을 바탕으로 단층의 움직임을 측정할 수 있었다. 이를테면 1만 년 전에 퇴적한 하안단구(河岸段丘)가 이미 수평 방향으로 90m, 수직 방향으로 15m나 어긋나 있음이 알려졌다. 한편 뉴질랜드 남쪽 부분에서 알파인 단층에 의해 잘려나간 북쪽 부분이 남쪽에 대해 북동으로 500㎞나 어긋나 있음이 확인되었다. 이러한 증거를 기초로 하여 앞에서 말한 쥐라기 이후의 수평의 움직임을 산출한 것이다.

## 중앙구조선

서부 일본을 거의 동서 방향으로 중앙구조선이라고 불리는 거대한 단층계가 뻗어 있다. 중앙구조선이라는 이름은 19세기 말엽 일본에 건너가 일본 지질학의 기초를 잡은 독일인 나우만(Edmund Naumann, 1850~1927)에 의해 명명된 것이다. 그런데 동쪽 끝과 서쪽 끝은 모호해져서 그 한계선이 아직 뚜렷이 밝혀지지 않았다. 다만 동쪽 끝은 관동(關東)산지의 북쪽을 한계선으로 하는 지역이 될 것이라고 알려졌다.

여기서부터 서쪽으로 뻗은 중앙구조선은 곧 포사 마그나(Fossa Magna)에 부딪히면서 한번 그 모습이 사라진다. 포사 마그나는 이토이가와(系魚川)

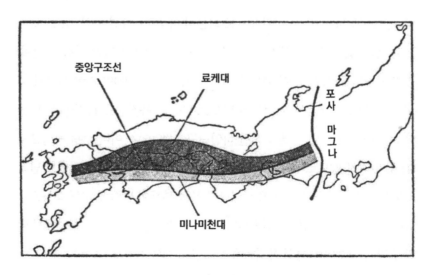

그림 76 | 중앙구조선

로부터 시즈오카(靜岡)로 뻗은 대단열대로서 이것 또한 나우만에 의해 명명된 것이다. 알파인 마그나에서 한번 그 모습이 사라졌던 중앙구조선은 아카이시(赤石) 산맥 부근에서 다시 나타난다. 그리고 산맥을 따라 남하하여 사쿠마(佐久間) 댐 부근부터 아이치(愛知)현의 나가시노(長篠) 부근을 통과한다. 기이(紀伊)[9] 반도에서는 거의 그 중앙부를 횡단하여 와카야마(和歌山)현의 기노가와(紀ノ川)를 따라 서진한다. 이곳부터는 시고쿠(四國)로 건너가 거의 요시노가와(吉野川)를 따라 서진하여 마츠야마(松山)시의 남쪽에서 바다로 빠진다. 중앙구조선의 서쪽 끝은 오이타(大分)현의 사가노세키(佐賀関)와 구마모토(熊本)현의 야츠시로(八代)시를 잇는 선에 이어진 것으로 알려졌다.

중앙구조선이 뚜렷하게 그 모습을 나타낸 것은 중생대 이후부터다. 즉 뒤에 설명하는 료케(領家), 산바가와(三波川)변성대를 형성한 조산운동에 관련하여 중앙구조선이 생겼다고 생각하고 있다. 중앙구조선을 끼고 일어난 움직임도 우수향이다. 중앙구조선에 따른 움직임은 최근 3만 년간 약 200m로서 1년에 0.7㎝가 된다.


## 지진 전후의 지각변동과 맨틀대류

태평양안에 튀어나온 일본의 반도는 대지진과 대지진 사이 및 대지진

---

[9] 편주: 현 와카야마(和歌山) 현 대부분과 미에(三重) 현 일부 지역을 칭하던 옛 지명

이 일어났을 때 매우 특징적인 움직임을 보였다. 꼬집어 말하면 대지진과 대지진 사이에는 반도의 끝부분이 뿌리 부분 쪽으로 침강한다. 또한 대지진 때는 이것과 반대 방향의 급격한 운동이 일어났다. 즉 반도의 끝부분이 뿌리 쪽에서 튀어 오른 것 같은 움직임을 했다. 이와 같은 움직임은 같은 장소에서 반복하여 수준측량을 함으로써 알아낼 수 있다.

예를 들어 기이반도에서는 이와 같은 수준측량으로 1895~1930년, 즉 35년간 다나베(田邊) 부근에서 동쪽으로 그어진 선을 경계로 그 남쪽 부분이 아래로 기울어진 것과 같은 운동을 한 것을 알아냈다. 반도의 남단은 다나베 부근보다 15㎝ 정도 침강했다. 한편 기이 수도(水道)를 사이에 두고 기이반도와 마주 보는 시고쿠 지방의 동남단 무로토(室戶)곶도 같은 운동을 했다. 즉 1895~1929년, 거의 35년간 아키(安藝), 무로토, 노네(野根)를 정점으

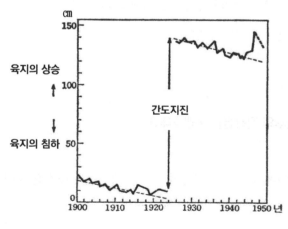

그림 77 | 육지의 상승과 침하

218

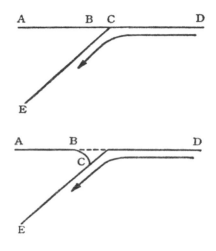

그림 78 | 맨틀대류와 지진 전후의 지각변동

로 하는 삼각형의 구역에서 반도의 남쪽이 아래쪽으로 기운 것 같은 운동을 한 것이다. 그간 반도의 끝머리에 있는 무로토에서는 약 20㎝ 침강했다.

그런데 1949년 12월 21일에 일어난 난카이(南海)대지진 때는 기이반도나 무로토곶에서 위에서 말한 것과 반대 방향의 움직임이 있었다는 것이 관측되었다. 이때 기이반도의 끝에서는 약 70㎝, 무로토곶에서는 약 130㎝나 상승했다. 지진 때의 융기량은 대개 지진과 지진 사이의 침강량을 보상하고 있다. 그러나 때로는 지진 때의 융기가 지진과 지진 사이의 침강을 보상하고도 남을 때가 있다. 이럴 때는 그 융기의 흔적인 이른바 해안단구가 만들어진다. 예를 들어 무로토 부근에서는 이러한 해안단구를 볼 수 있다.

1922년 9월 1일 관동대지진 때도 쇼난(湘南)) 일대와 미우라(三浦) 반도 및 보소(房総)반도의 남쪽에서 2m 이상의 융기가 관측되었다. 그런데 그 이전에는 미우라반도나 보소반도의 끝의 해안선이 매년 후퇴하고 있음을 알고 있었다. 이것은 이 지방의 침강을 말하는 것이다. 이러한 침강은 앞에서 말한 수준측량으로도 증명되었다.

이와 같은 특징적인 지각운동은 대체 무엇 때문에 일어나는 것일까? 이에 대해서는 오랫동안 수수께끼로 남아 있었다. 하지만 이제는 맨틀대류설로 다음과 같이 설명 가능하다.

[그림 78]의 위쪽 그림의 ABCD는 지구의 표면을, CE는 심발지진이 일어난 면, 즉 맨틀대류의 위쪽 가장자리를 나타내고 있다. 따라서 ABCE가 대륙과 그 아래의 맨틀을, DCE는 해양지각과 그 아래 맨틀을 나타내고 있다. 또 BC가 태평양에 뻗쳐 나와 있는 반도, C가 그 끝부분이다. 이렇게 보면 DC 부분을 수평으로 흘러온 맨틀대류는 심발지진이 일어난 면 CE를 따라 지구 내부로 흘러 들어간다. 보통의 맨틀대류설에서 생각하고 있는 것과 같이 대륙 부분인 ABCE에서는 대류가 일어나지 않았다고 가정하자. 즉 이 부분은 딱딱하다고 생각하기 때문이다. 다만 그 끝 부분인 BC만은 맨틀대류에 휘말려 [그림 78]의 아래쪽 그림과 같은 움직임을 한다. 즉 맨틀대류에 끌려 반도의 끝부분이 침강하고 또 BC 부분이 압축된다. 이것이 지진과 지진 사이에 일어난 반도부의 움직임이다. 그러나 이 움직임이 어느 한계점에 이르면 [그림 78]의 아래쪽 그림에 나타낸 BC 부분이 튀어 올라 위쪽 그림과 같은 상태로 되돌아간다. 즉 BC 부분이 튀어 오르며 또 수평 방향으로 뻗는다. 이것이 지진과 함께 일어난 움직임인 것이다.

이와 같은 생각은 앞에서 말한 지진과 지진 사이 및 지진이 일어났을 때의 지각변동을 정성적(定性的)으로 명쾌하게 설명한다. 그뿐만 아니라 정량적으로도 이 생각이 정확하다는 것을 입증해 준다. 앞에서도 말한 바와 같이 지진에 수반하여 반도의 끝부분에서 일어난 융기는 수 m 정도다. 그리고 한 지역을 유의해 보면 여기에서 문제가 될 만한 대지진은 대개 100년에 한 번 일어나고 있다. [그림 78]을 보아도 명백한 것처럼 위의 숫자 가운데 전자를 후자로 나눈 값이 맨틀대류의 속도와 거의 같아야 할 것이다. 이렇게 해서 얻은 맨틀대류의 속도는 1년간 수 ㎝로써 이것은 지금까지 다른 방법으로 얻은 결과와 일치한다. 이것은 여기에서 제시된 이론이 틀리지 않았다는 것을 입증하는 것이다.

## 변성대의 쌍

1장의 끝에서 말한 바와 같이 혓바닥 모양을 한 차가운 물질로서 맨틀 내에 잠입한 차가운 부분의 위쪽 가장자리에서 심발지진이 일어났으며 또 마그마가 발생했다. 그리고 태평양 측에 면한 저열량지대의 안쪽인 동해 측에서 고열류량이 관측되었다. 즉 차가운 물질로서 맨틀 내에 들어간 것이 어느새 뜨거워져서 마그마를 발생하며 또 고열류량을 일으킨 것 같다고 한다. 왜 이러한 일이 일어난 것일까? 이것이 맨틀대류설이 풀지 못하는 큰 난제라는 것은 1장에서 설명했다. 이 절에서 다시 한번 이 문제를 놓고

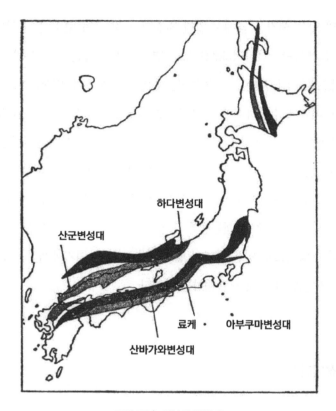

하다변성대

산군변성대

료케 ·

아부쿠마변성대

산바가와변성대

그림 79 | 일본의 변성대

설명하기로 한다.

사실은 이것과 비슷한 일이 오늘날뿐만 아니라 지질학적인 과거에도 일어났던 것 같다. 또한 일본에 가까운 곳뿐만 아니라 세계의 다른 곳에서도 일어났던 것 같다. 먼저 이것에 대하여 설명하겠다.

[그림 79]는 일본에서의 변성대를 나타낸 것이다. 변성대란 어떤 특징

을 가진 변성암이 대상(帶狀)이 되어 나타난 부분을 말한다. 즉 [그림 79]를 보면 일본 열도의 안쪽, 즉 동해 쪽에 히다(飛驒) 변성대와 산군(三郡) 변성대가 쌍으로 되어 있다. 이들 변성대는 고생대 후기부터 중생대에 걸쳐 생긴 것이다. 한편 일본 열도의 태평양 쪽에는 료케·아부쿠마(阿武隈) 변성대와 산바가와(三波川) 변성대가 쌍을 이루고 있다. 이 변성대는 중생대 후기에 생긴 것이다. 또한 홋카이도(北海道)에도 역시 쌍을 이룬 변성대가 있다. 이 변성대도 중생대의 말기에 생긴 것이다.

앞에서도 말한 바와 같이 대륙은 가장자리의 부분에서 만들어지는 지향사에 의해 바다 쪽을 향하여 계속 성장해 간다. 이때 지향사 내에서 변성작용이 일어난다. 이것은 [그림 79]의 일본의 변성대 분포에도 잘 나타나 있다. 즉 보다 오래된 변성대인 히다 및 산군 변성대가 일본 열도의 안쪽(대륙 쪽)에 있으며, 또 보다 새로운 변성대인 료케·아부쿠마 변성대와 산바가와 변성대가 일본 열도의 바깥쪽(해양 쪽)에 위치하고 있다.

이와 같은 쌍으로 된 변성대에는 뚜렷한 특징이 있다. 쌍 가운데 하나는 압력 5,000기압(깊이 15㎞), 온도 400~500℃의 상태에서 변성한 고온저압형이며, 다른 것은 압력 10,000기압(깊이 30㎞), 온도 200~300℃의 상태에서 변성한 저온고압형이라는 특징이다. 변성대의 이와 같은 형태는 광물을 고온고압 상태에서의 물리화학적인 실험결과와 변성암의 광물조성(鑛物組成)에 대한 자료들을 결부시켜 얻은 것이다.

[그림 79]에서는 고온저압형의 변성대는 진하게, 저온고압형의 변성대는 엷게 칠해져 있다. 이 지도를 보면 변성대의 쌍 가운데 고온저압형이 안

쪽에, 그리고 저온고압형이 바깥쪽에 있는 것을 알 수 있다. 다만 홋카이도에서 볼 수 있는 변성대의 쌍에서는 예외다. 여기에서는 고온저압형의 변성대가 바깥쪽(해양 쪽)에, 저온고압형의 변성대가 안쪽(대륙 쪽)에 있다. 변성대의 이와 같은 특징, 즉 고온저압형과 저온고압형의 변성대가 언제나 쌍으로 나타나 그중 전자가 대륙 쪽에, 후자가 해양 쪽에 위치한다는 특징은 일본에서만 볼 수 있는 것이 아니다. 예를 들어 북아메리카나 유럽의 변성대에서도 같은 특징을 볼 수 있다.

[그림 12]에 나타낸 일본 부근의 열류량의 측정 결과와 [그림 79]를 비교해 보면 어떤 암시가 떠오른다. 즉 [그림 12]에 나타난 고열류량지대가 현재의 고온저압형의 변성대이며, 저열류량지대가 현재의 저온고압형의 변성대로서 이들이 쌍으로 된 것이 아닐까 하는 생각이다. 이 변성대의 쌍은 대략 료케·아부쿠마 변성대와 산바가와 변성대의 쌍의 바깥쪽에 위치하고 있다. 일본 열도가 대륙 쪽에서 해양 쪽을 향해 성장한 것을 생각하면 이것은 매우 이치에 맞는 일이라 생각된다.

그런데 여기에서 말한 추측을 입증할 만한 더욱 강력한 증거가 있다. [그림 12]에 나타낸 열류량의 분포를 조사하려면 각 지점에서의 온도구배와 열전도율을 측정해야 한다. 온도구배란 몇 m 내려가면 얼마만큼 온도가 높아지는가 하는 비율이다. 또한 열전도율은 암석이 열을 얼마만큼 전달할 수 있는가를 나타내는 물리량이다. 이것을 측정하면 지하의 온도분포를 추정할 수 있다. 이렇게 추정하다 보면 [그림 12]의 고열류량지대에서는 깊이 15㎞에서 온도가 400~500℃이며, 저열류량지대에서는 깊이

30㎞에서 온도가 200~300℃인 것을 알 수 있다.

이러한 수치는 앞에서 설명한 고온저압형과 저온고압형의 변성대에서의 압력과 온도에 꼭 일치한다. 즉 과거의 일본이나 세계의 변성대에서 볼 수 있는 특징이 지금 우리의 눈앞에서 전개되고 있다는 것을 알 수 있다. 저열류량지대의 안쪽에 고열류량지대가 있으며 또 혓바닥 모양의 차가운 부분의 위쪽 가장자리에서 마그마가 발생할 것이라는 앞에서 기술한 수수 께끼가 뚜렷이 모습을 드러낸다.


## 아무도 풀지 못한 동해의 수수께끼

맨틀대류가 가라앉은 부분에서는 가라앉아 들어간 차가운 물질을 적어도 그 일부분을 가열해 주는 어떤 조작이 있는 것 같다. 이 조작은 무엇일까? 이 질문에 대답할 수 있는 사람은 아직 아무도 없다.

이러한 얘기가 있다. 1968년에 대륙이동설과 맨틀대류설을 둘러싸고 캐나다의 윌슨 교수와 러시아의 벨루소프(Vladimir Beloussov, 1907~1990) 교수가 격렬한 논쟁을 벌인 일이 있었다. 여러 번 말했듯이 윌슨 교수는 대륙이동설과 맨틀대류설을 현재의 영역에까지 올려놓은 최대의 공로자다. 한편 벨루소프 교수는 러시아 지질학계의 권위자로서 대륙이동설이나 맨틀대류설에 대해 일관적으로 반대 입장을 취해왔다. 그는 대륙이동 같은 지구의 수평방향으로의 움직임을 믿지 않고 모든 지질현상을 수직방향의 움직임으로 설명하려고 한다. 논쟁은 《지오타임즈》(Geotimes)라는 잡지에 공개장 형식으로 전후 3회에 걸쳐 전개되었다.

먼저 윌슨 교수가 대륙이동이나 맨틀대류설을 지지하는 입장에 서서 그의 생각을 발표했다. 다음에 벨루소프 교수가 이 이론에 반대하는 입장에서 그의 생각을 제시했다. 이때 벨루소프 교수는 대륙이동이나 맨틀대류설이 풀지 못하는 몇 가지 의문을 문제집 형식으로 제출했다. 그 문제집속에는 지금 우리가 문제 삼고 있는 난문도 들어 있었다. 이를테면 벨루소프 교수는 동해에서 볼 수 있는 고열류량을 맨틀대류설의 입장에서 설명하라고 윽박질렀다. 이에 대해 윌슨 교수는 벨루소프 교수가 제출한 대부분의 난문을 맨틀대류설의 입장에서 명쾌하게 회답할 수 있었다. 그러나 단지 지금 우리가 직면한 문제에 대해서는 윌슨 교수라 할지라도 회답할 수 없었다. 그는 솔직히 머리를 숙여 이것이야말로 맨틀대류설로 풀지 못하는 유일한 문제라고 시인한 것이다.

그러나 지구의 수수께끼를 풀려고 노력하는 과학자들은 이 난문 앞에서 팔짱을 끼고만 있지는 않았다. 몇 가지 생각이 제출되었는데 이를테면 지진이 일어나면 그 진원 부근에 축적되어 있던 에너지가 지진파로 되어 세계 각처로 퍼져 간다. 이렇게 해서 전파된 지진파는 마침내 쇠퇴하여 그 에너지가 열로 변한다. 즉 지진파가 전 지구를 따뜻하게 해 준다. 그런데 진원의 근처에 머물러 있던 모든 에너지가 지진파의 에너지로 변하는 것은 아니다. 지진이 일어날 때 해방된 에너지의 대부분은 진원 근처에서 열에너지로 변한다. 예를 들어 단층의 마찰로 마찰열이 발생한다. 또한 금속편

(金屬片)이 이리저리 휘는 동안에 마침내 열을 내는 것과 같은 과정이 진원 부근에서 일어나는 것 같다는 것이다. 실제로 앞에서 설명한 지진 전후의 지면의 움직임은 이 금속편의 움직임과 비슷한 것이다.

일본 근처에서는 일본 해구 같은 맨틀대류가 침강하는 부분에서 지진이 많이 일어났다. 이러한 지진의 발생으로 그 진원 부근은 더워진다. 이처럼 가열되기 시작한 부분은 맨틀대류에 실려 맨틀 내부에 운반된다. 침강할 때에는 차가웠던 이러한 부분도 서서히 가열되어 마침내 이 부분이 용해되어 마그마가 발생될 정도로 고온이 된다. 이러한 메커니즘은 맨틀대류가 밑으로 가라앉은 부분에서 일어나는 것이 아닌가 생각하게 한다. 그러나 이것은 단순한 추측에 불과하다. 이 추측을 입증하기 위해서는 앞으로 오랜 세월에 걸쳐 끊임없이 연구해야 한다. 일본은 이러한 분야의 연구를 하기 위한 알맞은 위치에 있다.

## 맨틀대류는 지구를 냉각시킨다

이상 설명한 것과 같이 맨틀대류는 국부적으로는 지구를 따뜻하게 하는 작용을 한다. 그러나 전체적으로 보면 맨틀대류는 지구를 냉각시키고 있다. 끝으로 이것에 대해 살펴보기로 한다.

맨틀대류는 지구 내부에 있는 고온의 물질을 지구 표면 가까이로 운반한다. 또 지구 표면 가까이에 있는 차가운 물질을 맨틀 내부의 고온 부분으로 운반한다. 이러한 대류의 움직임은 전체적으로 보면 지구를 냉각시키는 일을 하고 있다.

그런데 지구와 같은 천체는 일단 고온이 되면 좀처럼 냉각되지 않는다는 문제점이 있다. 가령 지구가 저온이었다는 기원을 가졌다 하더라도 방사성원소가 내는 열로 점차 가열되어 마침내 금속인 철이 용해되어 지구의 중심으로 모여들어 핵을 만들 때 대량의 열이 발생한다. 이것은 금속철이 지니고 있던 위치에너지가 열에너지로 변하기 때문이다. 이렇게 해서 방출된 열은 지구 전체를 2,000℃나 가열시켜 지구 전체를 녹여 버릴지도 모른다. 이렇게 해서 일단 고온이 되면 그 후 지구는 좀처럼 식지 않는다. 이와 같은 온도상승으로부터 30~50억 년이 지난 현재에도 지구의 대부분이 녹아버리지 않는다고 단언할 수는 없다. 그러나 지구 내부에서 현재 녹고 있는 것은 핵의 상반부뿐이다.

그간의 모순을 해결하기 위해서는 지구 전체를 냉각시키는 무슨 강력한 방법이 있어야 한다. 그와 같은 강력한 방법으로써 현재 맨틀대류가 유망시 되고 있는 것이다.

얼마나 유망한가, 그 정도를 보기 위하여 맨틀대류에 의해 1년간 어느 정도 부피의 물질이 지구 내부로부터 표면으로 끌어올려지는지를 계산해 보자. 지구의 둘레를 4만 km, 그 너비를 200km, 대류의 속도를 연 3cm, 즉 $3 \times 10^{-5}$km로 계산하면 문제의 부피는 240km³가 된다. 이와 같은 계산방법으로 맨틀의 전 부피의 반이 지상으로 끌어올려지는 데 소요되는 햇수를 추정하면 거의 20억 년이 걸린다. 이것이 지구 표면에 끌어올려지면 한편에서는 지구 표면의 물질이 해구 근처에서 맨틀 내부에 흘러 들어가 이것으로 지구는 완전히 냉각하게 된다. 그 기간은 겨우 20억 년밖에 소요되지 않는다. 그런데 1년간 지구 표면으로 운반되어 축적되는 용암의 양은 거의 $1km^3$라고 알려져 있다. 그런데 이것의 240배나 되는 양이 맨틀대류에 의해 지구 표면으로 운반되는 것이다. 다만 맨틀대류에서는 끌어올려지는 한편 그것과 같은 부피의 물질이 지구 내부로 다시 흘러 들어가 지구 표면에서의 축적이 일어나지 않는다는 것뿐이다.

**7장**

# 살아 있는 지구

7장

# 살아 있는 지구

## 키프로스섬의 수수께끼

해저갱신설에서는 해양지각과 그 밑에 있는 맨틀의 일부분이 육지의 지각 밑으로 잠입한다고 생각했다. 이것이 사실이라면 어떤 우연한 일로 지구상의 어떤 부분에서 대륙지각이 다른 대륙지각 밑으로 파고들어가도 될 것 같다. 또한 대륙지각이 다른 해양지각 밑으로 파고들어도 될 것이다. 자연이란 알맞게 만들어져 있다. 실제로 그러한 일이 일어난 곳이 발견되었다. 즉 티베트 고원에서는 대륙지각이 다른 대륙지각 밑으로 잠겨 들어가고 있다. 또한 키프로스섬에서는 대륙지각이 다른 해양지각 밑으로 잠겨 들어갔다고 한다. 다음에는 이에 대해 설명하기로 하자.

지구의 구조와 그 진화과정을 연구하는 사람들에게 키프로스섬은 커다란 수수께끼였다. 즉 키프로스섬에서는 3,000㎢에 걸쳐 정의 중력이상이 관측되었다. 정의 중력이상이란 그 부근에서의 중력이 지구의 다른 부분에 비해 크다는 것을 뜻한다. 즉 키프로스섬과 그 지하에는 무엇인가 밀도가 큰 것이 있을 것이다. 키프로스섬이 이렇게 무거운 것으로 되어 있다고 하

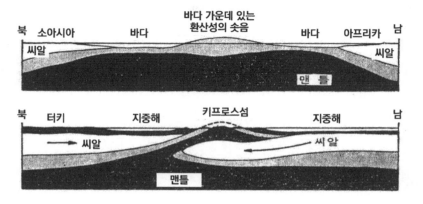

북　소아시아　　　　　바다　　　　바다 가운데 있는
환산성의 솟음　　　바다　　아프리카　남
씨알　　　　　　　　　　　　　　　　　　　　씨알
맨　틀

북　터키　　　지중해　　키프로스섬　　지중해　　남
씨알　　　　　　　　　　　　　　씨　알
맨틀

**그림 80 | 키프로스섬의 수수께끼**

면 그것은 당연히 침강했을 것이다. 그런데 이러한 예측에 반하여 키프로스섬은 백악기(지금으로부터 약 1억 년 전)로부터 적어도 3㎞나 융기했다는 것을 알아냈다. 즉 당연히 침강해야 할 부분이 융기한 것이다. 이것이 지질학자들에게 있어 큰 수수께끼였다.

　키프로스섬에는 중앙평야에 의해 분리된 동서로 가로지르는 두 개의 산맥이 있다. 북쪽에 있는 산맥은 알프스 조산대의 일부다. 이에 대해 남쪽에 있는 산맥은 트루도스(Troodos)산맥이라 불리며 염기성 및 초염기성의 암석으로 되어 있다. 염기성 및 초염기성 암석으로서는 현무암을 들 수 있다. 이들은 화강암질인 산성의 암석에 비해 밀도가 높다. 이 염기성 및 초염기성의 암석이 키프로스섬의 정의 중력이상을 만들고 있다는 것이다. 이렇게 키프로스섬이 무거운 암석으로 되어 있다는 것이 확인되었다. 따라서 키프로스섬의 수수께끼는 더욱 알쏭달쏭해졌다.

　지금은 다만 대륙이동이라는 생각만이 이 수수께끼를 풀 수 있다고 여겨지고 있다. 즉 대륙이동의 이론으로 키프로스섬의 수수께끼는 다음과 같이 설명되었다. [그림 80]의 위쪽 그림이 키프로스 근처의 지각과 상부맨틀에 대한 지난날의 단면도이다. 오른쪽에 아프리카 대륙이, 왼쪽에 유라시아 대륙이 있었다. 그리고 그 사이에 해양지각과 상부 맨틀로 되어 있는 바다가 있었다. 이것이 지질학자들에 의해 테티스해라고 불리고 있다.

　[그림 80]의 아래쪽 그림은 위쪽 그림보다 얼마 후의 이 부근의 지각과 상부맨틀의 단면도이다. 즉 알프스 조산운동으로 두 개의 대륙이 서로 접근했을 때 아프리카 대륙의 끝부분이 테티스해의 아래쪽에 있는 맨틀 부분에 파고들었다. 대륙을 형성하는 암석의 밀도는 작으므로 맨틀 속으로 파고든 대륙은 떠오르려고 한다. 즉 테티스해 밑으로 파고든 아프리카 대륙의 끝부분이 이를테면 부낭과 같은 역할을 했다. 이 부낭에 얹혀 테티스해를 만들고 있던 무거운 염기성 및 초염기성의 암석이 떠오른 것이다. 초기의 테티스해의 해저는 아마도 얇은 퇴적층으로 덮여 있었을 것이다. 그러나 이 퇴적물이 침식에 의해 깎여나가자 먼저 테티스해의 지각을 만들고 있던 염기성 암석이 나타났다. 이것도 또한 깎여나가자 원래 테티스해의 아래에서 맨틀의 일부분을 이루었던 초염기성 암석이 지표에 나타나게 되었다. 이렇게 이동하는 대륙 및 맨틀 내에 파고든 대륙을 생각해 냄으로써 키프로스섬의 수수께끼가 명료하게 풀리게 되었던 것이다.

## 티베트 고원은 2중의 지각으로 되어 있다

카슈미르(Kashmir)에서는 1,500m의 높은 곳에서 제4기 초에 바다에 살고 있었던 동물의 화석이 발견되었다. 즉 전에는 해저였던 지역이 최근 100만 년 사이에 1,500m나 융기한 것이다. 그러나 이야기는 여기서 끝나지 않았다. 카슈미르의 배후에 있는 산들과 고원이 그 이상의 융기를 했다는 증거가 남아 있는 것이다. 즉 이들 화석을 함유하고 있는 지층이 배후의 산들과 고원의 융기로 인하여 40°나 기울어졌다. 카슈미르호(湖)나 그 부근 대지도 경사져 있는 것이다.

티베트 고원의 평균 높이는 5,000m 정도다. 즉 티베트는 세계에서 가장 높은 곳에 있는 대지라고 할 수 있다. 세계에서 제일 높은 곳에 있는 대지가 지금도 성장하고 있다는 것은 매우 흥미 있는 일이다. 실제로 티베트의 남쪽 부분은 백악기(지금으로부터 약 1억 년 전)까지도 테티스해의 바다 밑에 있었음이 알려져 있다. 요컨대 백악기가 끝날 무렵부터 제3기에 걸쳐 조산운동을 일으키는 동안 파미르(Pamir) 고원부터 윈난(Yünnan) 고원에 걸친 지역이 수천이나 융기한 것이다.

티베트와 같은 넓은 지역이 이상하게 높이 솟고 더욱이 지금도 융기를 계속하고 있다는 사실은 오랫동안 지질학적인 수수께끼였다. 현재는 이 수수께끼를 대륙이동이라는 이론을 바탕으로 다음과 같이 설명할 수 있다.

이 수수께끼를 푼 열쇠는 파미르 고원에서 윈난 고원에 걸쳐 융기가 일어났던 바로 그 무렵에 남반구로부터 오랜 여행을 계속한 인도가 아시아

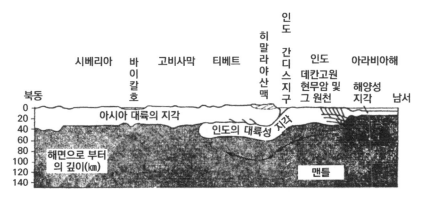

**그림 81 │ 티베트의 2중 지각**

대륙에 맞부딪치게 되었다는 사실이다. 즉 이 무렵 유라시아 대륙에 부딪힌 인도의 북부가 히말라야산맥의 밑으로 파고들어 북진을 계속했다. 물론 이렇게 파고든 부분은 지금 우리의 눈에 띄지 않는다. 유라시아 대륙 밑으로 파고든 북쪽 끝은 이미 티베트 고원 밑을 통과했을 것이다. 유라시아 대륙 밑에 있는 맨틀로 파고든 인도의 연장부에 해당하는 지각을 만든 암석은 맨틀을 구성하는 암석보다 가볍다. 따라서 이 지각은 떠오르려고 했을 것이다. 이와 같이 해서 생긴 부력이 티베트 고원을 융기시킨 것이다.

인도를 북쪽으로 연장시킨 부분의 지각이 유라시아 대륙의 지각 아래로 파고 들어갔을 때 그 근처의 지면이 아래로 쭈그러져 인도 갠지스 (Ganges) 지구를 형성했다. 또 티베트 고원 밑에는 이를테면 두 겹으로 된 지각이 있어 두께가 매우 두껍다. 실제로 티베트 고원 아래의 지각의 두께는 60km에 달한다.

## 아프리카의 열곡

아프리카 대륙의 동부에는 잠베지로부터 홍해에 이르는 약 1,000㎞에 걸친 열곡(裂谷)이라고 불리는 한줄기의 긴 지구대가 있다. 세밀히 조사해 보면 이것은 한줄기가 아니다. 그러나 열곡을 전체적으로 보면 그것은 한줄기의 구조라고 보지 않을 수 없다.

홍해의 오그라들어간 부분과 사해를 거쳐 시리아까지 연장된 부분을 포함하면 위에서 말한 거리는 거의 2배에 달한다. 그러나 나중에 이야기하겠지만 홍해의 오그라들어간 열곡에 비해 그 너비가 엄청나게 넓다. 따라서 이것에 대해서는 별도로 생각해 보기로 하고 먼저 앞에서 말한 원래의 열곡에 대해 눈여겨보기로 한다.

열곡의 너비는 놀랍게도 균일하다. 이를테면 아프리카의 열곡에 자리 잡고 있는 알버트(Albert)호 근처에서는 열곡의 너비가 45㎞이다. 탕가니카(Tanganyika)호의 북쪽에서는 50㎞, 남쪽에서는 40㎞이다. 그리고 루크와(Rukwa)에서는 40㎞, 루돌프(Rudolf)호에서는 55㎞, 나트론(Natron)호에서는 30~50㎞, 루아하에서는 40㎞, 니아사(Nyasa)호에서는 40~60㎞이다. 아프리카 외의 열곡에서 보면 라인 지구의 너비는 30~45㎞, 바이칼호의 너비는 남쪽에서 55㎞, 북쪽에서는 70㎞이다. 즉 열곡의 너비는 30~70㎞로 대륙 부분의 지각의 두께와 비슷하다. 여기에 대해 홍해의 너비는 200~400㎞, 사해와 요르단 열목의 너비는 15~20㎞이다.

열곡과 중앙 해령이 깊은 관계를 가지고 있다는 것은 1장에서 이미 설명했다. 여기에서는 열곡의 성인(成因)에 대해 살펴보기로 한다.


## 실험실에서 열곡을 만들다

열곡 또는 이것이 확대된 중앙 해령상의 열목의 성인에 대해 독일의 한스 크라우스(Hans Kraus)가 유명한 실험을 했다. 그는 독일의 라인 지구에 대한 성인을 규명하기 위해 이 실험을 하게 된 것이다.

그는 지구가 지각이 당겨져 넓어짐으로써 이루어진다고 생각했다. 즉

**그림 82 | 크라우스의 실험**

끌어당김으로써 갈라진 틈이 생기고 이렇게 해서 생긴 틈에 지각의 일부분이 빠져 들어가 열목이 생긴다고 생각했다. 3장에서 설명한 모형실험의 원리에 따라 그는 신중하게 모형재료를 선택했다. 선택된 모형재료는 습기가 있는 점토였다. 이 점토는 적당히 젖어 있어 흐르거나 떨어져 나갈 수도 있었다. 따라서 균열도 생기므로 단층의 모형실험을 할 수 있었다.

1939년에 행한 최초의 모형실험에서 그는 두 장의 널빤지 위에 점토를 얹어 놓고 그 널빤지를 서로 반대 방향으로 수 시간에 수 ㎜의 비율로 움직여 봤다. 그는 지각이 늘어나는 흉내를 내본 것이다. 이것을 라인 지구에 견주어 보면 널빤지의 한쪽은 블랙 포레스트(Black Forest, Schwarzwald) 측이며 다른 쪽은 보주(Vosges)산맥 측이다. 그 결과 열곡에서 볼 수 있는 자연의 모든 구조가 훌륭히 재연되었다. 다만 한 가지만은 재현할 수 없었다. 그것은 열목에 이웃한 지루(地壘; horst)라고 불리는 약간 높은 지면이었다. 사실 열곡은 지면이 단순하게 가라앉는 것만이 아니다. 더 자세히 말하면 열곡은 그 부근의 일반적인 융기 가운데서 인접한 고원 부분보다 좀 늦게 융기한 부분인 것 같다.

크라우스는 그의 모형실험에서 이러한 결점을 어떻게 극복했는가를 다음과 같이 말하고 있다. 「한참 뒤에 하나의 진보를 가져왔다. 최종적인 답이 단번에 발견되었다는 것은 그리 흔한 일이 아닐 것이다. 나는 이 실험이 매력적이었기에 자연스럽고 섬세한 점에 이르기까지 재현한 것과 마찬가지로 내려앉은 지형을 만들 수 있었다. 그러나 이번은 잡아당기지 않고 다만 전체를 위로 향해 아치형으로 만들었을 뿐이다. 이렇게 하면 위쪽 면이 늘어지게 된다. 이렇게 해서 나는 두 개의 경사면을 만들 수 있었다. 이것은 라인 지방을 여행한 사람이라면 누구나 알고 있는 블랙 포레스트로부터 스와비아에 이르는 길, 그리고 보주로부터 파리 분지(盆地)에 이르는 길에 해당된다. 두 가장자리의 블록은 그대로 있지 않고 약간 솟아올랐다.」

그 모양을 [그림 82]에 도시했다. 열목에 이웃한 두 부분이 지루로 되어 솟아오른 모습이 잘 재현되어 있다. 이것은 요컨대 열곡을 만들려면 그 지방 전체를 아치형으로 융기시킬 필요가 있다는 것이다.

이 점에서 1장에서 생각한 맨틀대류는 매우 합당한 논리다. 즉 맨틀부터 솟아오른 대류는 그 위에 있는 지각 부분을 아치형으로 밀어 올리게 하는 작용이 있다는 것은 분명하기 때문이다. 따라서 중앙 해령의 꼭대기에 열목이 있는 것도 크라우스의 이 실험으로 명쾌하게 설명할 수 있었다.

[그림 82]에 나타낸 것처럼 열목이 내려앉은 부분의 너비는 모형지각의 두께와 거의 비슷하다. 이는 앞에서 말한 것처럼 실제의 열목도 그 비율은 거의 같다. 또한 열목 부분에서는 중력이상이 마이너스이며, 다른 부분에 비해 중력이 낮다는 것이 관측되었다. 이 부분의 지각 아래에서 솟아오른 맨틀물질의 밀도가 낮다는 것이 이 마이너스의 중력이상을 설명해 주는 것이다.

## 아라비아는 아프리카에서 멀어져 간다

2장에 말한 것처럼 남북 두 아메리카 대륙이 유럽·아프리카 대륙에서 떨어져 나가 그 사이에 대서양이 나타났다. 이렇게 대서양이 형성되기 시작한 것은 지금으로부터 2억 년 전의 일이다. 그런데 이것과 비슷한 일이 현재 우리의 눈앞에서 일어나 새로운 바다가 만들어지고 있는 곳이 있다. 즉 아프리카와 아라비아를 잇는 홍해와 아덴만이며 또 하나는 캘리포니아 반도와 아메리카 본토 사이에 있는 캘리포니아만이다.

이 지역에서는 대륙지각의 분리가 일어나 분리에 의해서 벌어진 사이를 솟아오른 맨틀물질로 채워지게 된다. 특히 그 꼭대기 부분은 해양지각으로 변한다. 이렇게 해서 새로운 바다가 생기게 되는 것이다. 따라서 이러한 지역에서는 대륙지각이 존재하지 않고 맨틀로부터 관입해 온 무거운 암석이 나타나게 되는 것이다. 이러한 무거운 암석이 존재하므로 이 부분에서는 플러스의 중력이상이 나타날 것이다. 한편 참고삼아 말하면 앞에서도 설명한 것처럼 보통의 열목 부분에서는 플러스가 아니라 마이너스의 중력이상이 나타난다. 이상과 같이 예상한 결과를 홍해와 아덴만에서 실험해 본 결과 완전히 적중하는 것을 알았다. 즉 지진탐사 결과 홍해와 아덴만에는 대륙지각이 없다. 그런데 그곳에는 무거운 염기성 암석이 대신 자리 잡고 있다. 따라서 홍해의 축에 따라 크게 플러스의 중력 이상이 관측된다.

더욱이 여기에 보탬이 되는 몇 가지 증거가 발견되었다. 지질학적인 증거에 바탕을 두고, 원래는 아프리카 대륙과 아라비아반도가 서로 붙어 있었을 때 이웃한 부분을 찾아내는 것이다. 이들 지점은 현재 홍해와 아덴만을 사이에 두고 서로 떨어져 있다. 그래서 홍해와 아덴만을 가로질러 이 지점을 잇는 직선을 그어 본다. 직선이 그 부근을 지나는 열목이나 수평단층의 주행과 나란하다. 이것은 물론 우연히 될 수 없는 일이다. 또한 예를 들어 아덴만에서는 만의 주향과 거의 직각의 방향으로 지자기이상의 무늬가 발견되었다. 이러한 무늬는 5장에서 설명한 것과 같은 메커니즘으로 생겼을 것이다. 여러 가지 증거를 바탕으로 아프리카에 대해 상대적으로 아라비아 반도가 시계 바늘의 반대 방향으로 6~7° 회전했다는 증거가 충분히 입증되고 있다. 이렇게 해서 새로운 바다가 생겨나고 있는 것이다.

또한 홍해의 해저에 맨틀 물질이 솟아오르고 있다는 증거로서 다음과 같은 사실을 들 수 있다. 홍해에서 깊이 2,000m보다 얕은 해수는 표준해수에 가까운 성질을 가지고 있다. 그러나 그보다 깊은 곳의 해수의 온도는 50° 가까이 되며 염분의 함유량도 해수 1ℓ당 270g 이상이나 된다. 그런데 표준해수에 포함된 염분은 1ℓ당 35g 정도다. 또한 홍해의 해수가 함유하는 염분 중에서 나트륨이온의 비율은 표준해수보다 약간 높다. 더욱이 칼슘 이온의 비율은 표준해수에 비해 매우 높은 것이다. 요컨대 홍해의 해수는 고온이며 염분이 많고 나트륨과 칼슘분이 풍부하다는 것이다.

1935년경부터 위에서 설명한 사실이 알려졌으며 그 후 1967년에는 홍해의 해저에서 구리, 아연, 납, 금, 은 등의 유용한 중금속광상이 몇 군데서 발견되었다. 이와 같은 여러 가지 사실로 미루어 보아 홍해의 해저에는 맨틀로부터 중금속을 함유하고 있는 광액(鑛液)이나 열수가 솟아오르고 있는 것으로 추정된다. 일본의 도호쿠 지방의 동해 쪽에는 구로코(黑鑛)라고 불리는 중금속광상이 발견되었는데 이 구로코를 만든 것과 같은 과정이 지금 홍해의 해저에서 일어나고 있는 것으로 추정된다.


## 사해는 벌어지고 있다


홍해 북쪽 이스라엘과 요르단이 접한 곳에 사해가 있다. 이 사해도 좀 색다른 지각의 분리로 생긴 것이다.

이 근처에는 원래 [그림 83]의 왼쪽 그림에서 LL, RR로 표시한 것과 같

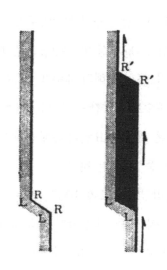

**그림 83 | 사해의 마름모꼴 틈**

은 구부러진 모습을 한 불연속면이 있다고 추정된다. 이 불연속면을 경계로 그 동쪽 부분이 서쪽 부분에 대해 북쪽으로 이동했다고 생각해 보면 이때 RR에 있었던 부분이 R′R′ 부분까지 이동한다. 그 결과 [그림 86]의 오른쪽 그림에 보인 R′R′LL과 같은 마름모꼴의 갈라진 틈이 생긴다. 그렇게 되면 지각의 갈라진 틈을 메우기 위해 맨틀로부터 맨틀 물질이 솟아오른다. 이렇게 해서 생긴 틈

R′R′LL가 사해인 것이다. 한편 이렇게 생긴 사해의 밑바닥은 강이 실어 나른 퇴적물로 메워지게 될 것이다. 만일 이 추측이 맞는다면 사해는 남쪽이 더 오래전에 형성되었을 것이다. 따라서 보다 더 두꺼운 퇴적물이 쌓여 있을 것이다. 여기서 바랐던 것처럼 사해에서 가장 깊은 곳은 북쪽이다.

또한 [그림 83]에서 생각한 것과 같은 지각의 움직임이 있었다는 것을 입증하는 다음과 같은 사실을 들 수 있다. 즉 요르단 쪽에서 사해로 흘러내리는 두 개의 강이 있는데 그의 하구(河口)에서는 삼각주를 찾아볼 수 없다. 한편 이 강의 하구로부터 40㎞나 남쪽에는 근원을 알 수 없는 삼각주가 있다. 이것은 그 옛날에 이들 하천과 삼각주가 서로 밀접한 관계가 있었음을 뜻하는 것으로서 그 후 요르단 측이 이스라엘 측에 대해 40㎞나 북쪽으로 이동했기 때문에 이러한 결과가 일어났다.


## 캘리포니아반도는 본토에서 떨어져 가고 있다


캘리포니아반도와 미국 본토 사이에 있는 캘리포니아만에서도 홍해와 비슷한 움직임이 일어나고 있다. 즉 반도의 뿌리를 지점으로 반도를 시곗 바늘이 도는 방향으로 도는 움직임과 본토에 대해서 반도를 북쪽으로 이동시키는 움직임이 일어나고 있다. 반도의 끝은 뿌리에서 이미 150㎞나 벌어져 있다. 그리고 반도는 미국 본토에 대하여 이미 500㎞나 북쪽으로 움직였다.

이와 같은 움직임을 원 상태로 되돌리면 캘리포니아반도의 산 루카스 (San Lucas)곶이 멕시코 할리스코(Jalisco)의 튀어나온 곳과 일치한다. 실제로 이렇게 맞추어 보면 두 곳의 지질구조가 아주 자연스럽게 연결된다. 이를테면 반도의 산맥이 멕시코의 시에라마드레산맥과 평행을 이룬다.

반도의 북쪽으로 향한 움직임은 6장에서 말한 산 안드레아스 단층을 낀 우수향의 움직임과 같다. 1장에서도 말한 것처럼 동태평양해팽은 캘리포니아만을 거쳐 미국 본토에 상륙하고 산 안드레아스 단층을 지나 밴쿠버섬 부근에서 또다시 태평양으로 뻗는다.

캘리포니아만에서 열류량이 높은 것이나, 지진이 일어났다고 하는 것은 이것이 동태평양해팽의 연장이라는 것을 나타내는 것이다. 이곳도 홍해의 경우처럼 반도가 본토로부터 떨어짐에 따라 그 사이의 캘리포니아만에는 맨틀물질이 솟아오르고 있다. 이러한 사실은 지진탐사로 확인되었다. 즉 캘리포니아만의 해저에는 얇은 퇴적물 밑에 전형적인 해양지각이 있다. 지각과 맨틀을 경계로 하는 모호로비치치 불연속면은 해면 아래 약 10㎞ 지점에 있다. 이와 같이 캘리포니아만은 전에 상상한 것처럼 대륙지각의 일부가 내려앉아 생긴 것이 아니다.


## 사라진 퇴적물이 저반으로 변하다

화성암의 관입암체 가운데서도 비교적 대규모적인 것을 저반(batholith)

이라고 부른다. 저반 가운데에서도 가장 유명한 것은 미국의 시에라네바다산맥 지역에서 볼 수 있다. 이 저반은 알래스카, 브리티시컬럼비아로부터 아이다호, 시에라네바다산맥을 거쳐 남부 캘리포니아반도의 산맥에까지 이르고 있다. 이 지역에서는 중생대에 수회의 화성활동이 있었다. 그중에서도 가장 활발했던 것은 지금으로부터 1억 1,000만 년 전부터 8,000만 년 전인 백악기의 약 3,000만 년 동안 일어났던 것이다. 제3기의 중엽에도 또 한 번 격렬한 활동이 있어 몇 개의 저반이 더 생겼다. 이 저반의 총부피는 수백만 ㎞³에 달한다. 이와 같은 시에라네바다산맥 아래에서의 화성활동과 이에 수반된 저반의 관입은 보다 동쪽에 있는 로키 산맥에서는 그다지 찾아볼 수 없다. 문제는 이 시기에 이 지역에서 어떻게 이런 대규모의 저반의 관입이 있었는가 하는 점이다.

이 문제에 대하여 길럴리(James Gilluly, 1896~1980)는 다음과 같이 생각했다. 그에 따르면 북아메리카의 서해안 쪽 바닷속에 지금은 없어진 육지가 있었다. 그리고 이 육지로부터 시알성의 퇴적물이 이 육지와 북아메리카 대륙 사이의 분지에 쌓였다. 한편 맨틀대류는 오늘날과 같이 태평양 쪽에서 와서 북아메리카 대륙 밑으로 파고들었다. 이 맨틀대류에 휩쓸려 시알성의 퇴적물도 아메리카 대륙 밑으로 파고들었다. 이렇게 해서 파고든 퇴적물이 모습을 바꾸어 다시 나타난 것이 시에라네바다산맥 밑의 저반이라고 길럴리는 생각했다. 시알성의 퇴적물이 대륙 밑으로 파고든 대신에 대륙이 시알성의 퇴적물 위에 얹히게 되었다고 생각해도 좋을 것이다. 즉 쥐라기가 끝날 무렵 또는 백악기가 시작될 무렵 대서양이 생겨났을 때 아메리카 대륙이 서로 이동하여 당시 서해안에 있던 삼각주성의 퇴적물이나 도호 상에 얹혀졌고 그 때문에 변성작용이 일어나 저반이 생겼다고 생각해도 된다. 이 메커니즘은 베게너의 대륙이동설과 일맥상통하는 데가 있다.

이렇게 생각하면서 아메리카의 서해안을 보면 여기에서는 대륙붕의 너비가 이상하게도 좁은 것을 알 수 있다. 또한 이 부근의 해양지역에서의 단층이 동서로 뻗고 있는 데 반하여 대륙 부분에서의 단층은 남북으로 뻗어 있어 그 사이에는 아무런 관련이 없는 것처럼 보인다. 이것은 모두가 아메리카 대륙과 태평양의 해저 사이에 상당히 대규모의 움직임이 있었다는 것을 말해 주는 것이다.


## 지각 밑의 침식과 퇴적


북아메리카의 서해안에서 시에라네바다산맥을 넘어 한 발 동쪽으로 들어가면 그레이트베이슨(Great Basin, 大盆地)을 포함한 분지(basin)와 산맥(range) 지역이라고 불리는 곳이 있다. 이곳에서 더 동쪽으로 들어가면 콜로라도 고원을 마주치며 마침내 로키산맥에 이른다. 그런데 지진탐사에 의하면 그레이트베이슨 밑의 지각의 두께는 30㎜에 지나지 않는다. 그러나 콜로라도 고원에서의 지각의 두께는 45㎞나 된다.

그레이트베이슨 부근에서는 지금으로부터 300만 년 전부터 1,200만 년 전까지의 플라이오세로부터 현재까지 이그님브라이트(ignimbrite)라고 불리는 대량의 응회암(tuff)이 분출되었다. 이그님브라이트의 어원인 이그니스(igneous)는 라틴어로 불을 뜻하며 또 님부스(nimbus)는 같은 라틴어로 구름을 뜻한다. 따라서 이그님브라이트를 라틴어로 번역하면 불의 구름의 암석이라는 뜻이다.

이 이그님브라이트의 성인에 관하여 길럴리는 다음과 같이 생각했다. 맨틀대류와 함께 대륙 밑으로 말려 들어간 시알성의 물질은 시에라네바다 산맥을 만든 후 다시 동쪽으로 흘러 보다 가스가 풍부한 물질에 부딪힌 다음 표면으로 솟아올라 이것이 이그님브라이트가 되었다. 길럴리는 다시 다음과 같이 전개했다. 그레이트베이슨 가까이에서 이그님브라이트를 만들고 다시 동쪽으로 나갈 때 맨틀대류는 그레이트베이슨 밑의 현무암질의 지각 일부를 떼어내어 이것을 동쪽으로 운반했다. 그리고 이것을 콜로라도 고원 밑의 지각에 붙여놓았다. 이 때문에 그레이트베이슨 가까이의 지각의 두께는 얇고 콜로라도 고원 밑에서는 두꺼워진 것이다. 이 과정을 길럴리는 지각 밑에서의 침식과 퇴적이라고 불렀다. 강물이 상류의 바위를 침식하여 이것을 하류로 운반하여 퇴적시키는 것과 똑같은 일이 지각 밑에서 맨틀대류에 의해서도 이루어졌다고 그는 생각한 것이다. 다시 그는 「아메리카 서부에서 볼 수 있는 지질학적인 여러 가지 특징은 맨틀대류, 특히 지각 밑에서의 침식과 퇴적이라는 그다지 정통적이지 않은 추측을 암시하는 것 같이 생각된다.」라고 말했다.

## 횡와습곡과 냅

지질학은 영국과 유럽 대륙에서 시작되었다. 유럽의 지질학자들이 처음부터 들고 나온 문제가 알프스산맥이다. 험준하게 솟은 알프스가 그들의 지질학적인 호기심을 불러일으킨 것이다. 그에 대한 연구가 진척됨에 따라 그들을 더욱 놀라게 한 것은 알프스의 여기저기에서 볼 수 있는 횡와습곡

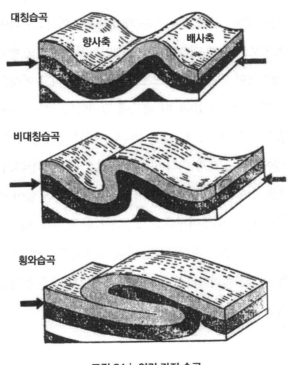

대칭습곡
향사축
배사축

비대칭습곡

횡와습곡

**그림 84 | 여러 가지 습곡**

(recumbent fold)과 냅(nappe)이었다. 횡와습곡이란 [그림 84]의 아래쪽 그림에 나타낸 것처럼 습곡이 지나쳐 어떤 부분의 지층이 상하 역전하고 또 어떤 부분의 지층이 다른 부분의 지층에 덮인 것처럼 된 것이다. 또 냅이란 산괴(山塊)라고 할 만한 큰 지층이 약간 경사졌거나 기의 수평인 면을 따라 수십 ㎞나 이동한 것을 말한다. 때로는 냅은 위를 향해 경사진 면의 위를 기어오른 것도 있다. 이와 같이 횡와습곡과 냅이 어떤 메커니즘으로써 생겼는지가 큰 문제였다.

가장 단순한 생각으로는 수평 방향의 압축력으로 생겼을 것이라는 생각이다. 이를테면 지금 수평 방향으로 겹친 지층이 있다고 하자. [그림 84]에 나타낸 것처럼 여기에 수평 방향의 압축력을 가하면 지층은 [그림 84]의 위쪽 그림에서 가운데 그림을 거쳐 아래쪽 그림처럼 습곡하여 마침내 횡와습곡이 된다. 냅 또한 수평 방향의 압축력으로 지면에서 왼쪽 또는 바깥쪽을 향하여 밀어내기 때문에 생긴다고 생각했다. 당시 지구는 고온의 상태로 출발하여 시간이 흘러감에 따라 냉각되었다고 생각한 것이다. 지구가 냉각되면 자연히 수평방향의 압축력이 생겨 횡와습곡과 냅도 지구의 냉각으로 생긴 압축력에 기인된다고 생각했다.

## 냅의 수수께끼를 푼 허버트와 루비

그러나 앞에서 말한 이론으로는 풀기 어려운 여러 가지 문제가 발생했다. 근본적인 문제로 되돌아가 원래 지구가 냉각만 계속 했는지의 여부도 의심이 갔다. 따라서 문제를 근본에서부터 다시 생각할 필요가 생겼던 것이다. 특히 냅의 문제는 해결이 어려웠다. 요컨대 암층을 뒤에서 민다면 그것이 그 모양대로 밀리지 않고 오히려 작은 조각으로 부서지게 될 것이다. 이것을 대표적인 암석의 마찰계수를 사용하여 계산해 보면 1㎞ 두께의 층을 뒤에서 밀었을 경우 이것이 가루와 같은 돌조각으로 되기까지에는 수평면 위를 겨우 8㎞밖에 나가지 못한다. 암층의 두께를 5㎞로 잡아도 암층블록은 18㎞ 이상은 나가지 못한다. 중력의 힘을 빌리기 위해 경사진 면에서 움직이면 이에 필요한 경사도는 30° 이상 되어야 한다. 더욱이 이러한 경사가 길게 계속되어야 한다. 그러나 야외에서 관찰해보면 사면의 경사가 5° 이하에서도 냅의 움직임이 일어나고 있음을 알 수 있다. 앞에서도 말한 것처럼 냅은 때로는 사면을 위로 기어오른 적도 있는 것이다.

이러한 어려운 문제를 해결한 것이 허버트와 루비(William W. Rubey, 1898~1974)이다. 허버트는 4장에서 나온 지진현상의 모형실험을 한 사람이다. 또 루비는 지구상의 해수가 지구의 내부로부터 스며 나왔다는 것을 최초로 밝힌 사람이다. 그 둘은 암석의 틈새를 메우는 물을 눈여겨보았다. 이 물이 윤활유와 같은 작용으로 마찰계수를 적게 하여 암석과의 운동을 쉽게 할 수 있을 것이라고 생각했다. 그러나 실제로 계산해 보면 알 수 있는데, 물의 존재는 마찰계수를 적게 하기보다 오히려 크게 만든다. 이렇게 되면 별 도리가 없었다. 그래서 그들은 암석의 틈새를 메우는 물의 압력에 눈을 돌렸다. 셰일이나 점토와 같이 물이 잘 통하지 않는 층이 있으면 틈새를 메우는 물의 압력은 그 위에 얹혀 있는 암석의 압력 0.95배 즉 95%에 달하는 일이 있다. 이때 이 압력이 부력으로 작용해서, 말하자면 암석이 물에 떠 있는 상태가 되어 그 중량이 가벼워지는 것이다. 이와 같이 암석 블록의 무게가 가벼워지면 이것을 움직이게 하는 것이 그만큼 쉬워진다.

실제로 계산해 보면 다음과 같다. 두께 5㎞의 암석 블록을 생각하면 바위 틈새를 메우는 물의 압력과 그 위에 얹혀 있는 암석의 압력과의 비를 0.7로 보았을 때 이 블록이 나갈 수 있는 거리는 41㎞가 된다. 또한 이 비가 0.9인 경우 거리는 106㎞로 늘어난다. 그리고 앞에서 말한 중력의 힘을 빌려 암석 블록을 움직이는 경우를 생각해 보면 암석의 틈새를 메우는 물의 압력을 생각하지 않을 경우에는 이에 필요한 사면의 경사는 30° 이상이 아니면 안 된다. 그런데 암석의 틈새를 메우는 물의 압력을 생각하면 이것과 그 위에 얹혀 있는 암석의 압력과의 비를 0.8로 보았을 때 필요한 사면의 경사는 6.6°가 된다. 또 이 비를 0.9로 보면 3.3°이고, 비가 0.95인 경우에는 1.6°가 된다. 따라서 거의 수평에 가까운 사면에서도 냅을 움직일 수 있게 되는 것이다.

이렇게 해서 뒤에서 밀렸든 또는 완만한 사면을 중력으로 잡아당겨졌든 간에 냅은 그렇게 어려운 문제는 아니다. 사면에서 미끄러져 내려올 경우와 같이 냅이 운동량을 가지게 되면 위쪽으로 향한 맞은편 사면을 기어오르는 것도 가능하게 되는 것이다. 또한 자기 자신이 깨져서 그 위에 얹히는 경우도 있을 것이고, 자기 자신 위에 얹혀 횡와습곡을 이루기도 할 것이다. 이것은 알프스에서 관찰되었던 것과 일치하는 것이다.

허버트와 루비의 논문이 나오기 전까지는 뒤섞인 알프스의 지질구조를 이해하기 위한 중요한 하나의 열쇠를 빠뜨렸던 것이다. 이 열쇠야말로 암석의 틈새를 메우는 물의 압력인 것이다.


## 맥주 캔 실험

허버트와 루비는 그들의 이론의 요점을 밝히기 위하여 맥주 캔을 이용한 다음과 같은 재미있는 실험을 고안했다. 열려 있는 쪽을 위로 하여 빈 캔을 물기 있는 유리판 위에 놓는다. 이 유리판을 점점 기울여 수평면과 이루는 각이 약 17°에 달하면 캔은 물기 있는 유리판 위를 미끄러져 내린다.

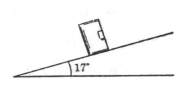

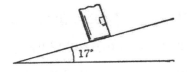

다음에 이 캔을 냉장고 속에서 냉각시킨 다음 다시 같은 실험을 되풀이하면 미끄러져 내리는 데 필요한 최소의 각도는 전과 같다.

다음에는 유리판을 1°로 경사지게 하고 냉각시킨 캔을 유리판 위에 놓는다. 그러나 이번에는 캔의 열린 쪽을 아래로 향해 놓는다. 시간이 좀 지나면 캔은 사면을 미끄러져 내리

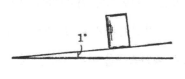

**그림 85 | 맥주 캔 실험**

게 된다. 그러나 이 통이 아래쪽 끝에 이르면 갑자기 멈춘다.

이 원리는 다음과 같다. 찬 캔의 열려 있는 쪽을 아래로 두었을 경우 부착되었던 물방울이 증발하고 또 차가운 공기가 따뜻해져 캔 속의 압력이 증가하여 캔 무게의 일부분을 받쳐 가볍게 한다. 따라서 유리판의 경사각이 작은 경우에도 캔은 미끄러져 내린다. 또 캔이 유리판의 아래쪽에 이르면 내부의 압력이 없어져 캔이 멎게 되는 것이다.


## 조산대의 경우는?


조산대의 경우에 여러 가지 현상을 일으키는 문제의 물은 조산운동을 일으킬 때의 지향사를 메운 퇴적물 중의 물만 있는 것은 아니다. 맨틀대류에 의해 일단 맨틀 내에 휩쓸려 들어간 물도 다시 지구 표면으로 되돌아온다고 생각된다. 이는 앞에서 설명했다.

또 다음과 같이 생각할 수 있다. 맨틀대류가 맨틀 내로 되돌아가는 해구 가까이에서는 그 표면지형이 내려앉는다. 그렇기 때문에 이 부분에는 해구가 생기는 것이다. 한편 맨틀 내부에 파고든 물질은 어떻게 될까? 오랜 세월을 두고 보면 이 물질들은 맨틀 저부에서 해구로부터 중앙 해령을 향해 이동할 것이다. 그리고 다시 중앙 해령 부분에서 솟아오른다. 그러나 해구 가까이에서 맨틀 내부에 가라앉은 물질이 한동안 그곳에서 머물러 있게 된다는 것도 생각할 수 있다. 그 경우에는 물질이 그곳에 고여서 그 윗

부분을 들어 올리게 될 것이다. 태평양을 둘러싼 아시아 대륙의 대부분 지역에서 이와 같은 일이 일어나고 있지 않을까 추정하고 있다. 예컨대 일본의 남해안에서는 100년 동안 15㎝ 정도의 융기가 일어났다. 또 이 정도의 융기가 대만(Taiwan)이나 홍콩(Hong Kong)에서도 일어나고 있다. 즉 해구라는 오므라든 지형 옆에 융기하는 부분이 생겨 냅이 그 위를 미끄러져 갈 수 있는 사면이 마련되는 것이다. 한편 지향사와 이에 계속되는 사면에는 수분을 충분히 함유한 퇴적물이나 암석이 쌓이게 된다. 이러한 생각을 종합해 보면 조산대는 냅과 횡와습곡을 만들기 위한 여러 조건을 갖춘 최적의 장소라고 할 수 있다.


## 살아 있는 지구와 생각하는 인간

지구 내의 맨틀 부분에서는 중앙 해령으로부터 해구로 향하는 대류가 일어나고 있다. 이 대류에 실려 대륙은 수천 ㎞나 되는 거리를 이동한다. 또 해양저는 2억 년 정도의 시간스케일로 항상 갱신되고 있다. 한편 지구 자기장은 수십만 년 정도의 시간스케일로 반전을 되풀이하고 있다. 그리고 이 지구자기장 반전의 역사는 화성암이나 해저퇴적물에, 나아가서는 해저 자체에 기록된다. 또한 맨틀대류와 함께 암석, 해수 및 해수 중의 염분이나 유기물이 순환을 반복한다. 한편 해저가 침강하고 해구가 생겨 마침내 그 곳에서 산맥이 솟아오른다. 화산이나 지진도 이와 같이 살아 있는 지구 역사의 일부에 지나지 않는다.

　놀라운 것은 이렇게 살아 있는 지구는 우리가 그것을 이해할 수 있도록 만들어졌다는 사실이다. 우리는 자연과학의 방법을 이용하여 이 살아 있는 지구의 비밀을 캐낼 수 있다. 우리가 가지고 있는 유일한 무기는 생각하는 두뇌이다. 살아 있는 지구와 그 위에 살며 생각하는 두뇌를 가진 인간 사이의 대화는 앞으로도 끊임없이 계속될 것이 틀림없다.

장님이 눈을 뜰 수 있다면 아름다운 지구의 모습을 찬미할 수 있듯이, 사람이 얇은 지각을 꿰뚫어 볼 수 있다면 지구 내부의 여러 가지 상태를 직접 관찰할 수 있을 것이다. 지구과학자들은 예언자처럼 지표면에서 관찰되는 여러 가지 지구과학적인 현상과 고도의 기술을 요하는 지구물리학적인 방법으로 들여다 볼 수 없는 지구 내부의 상태를 규명하려고 한다.

《대륙은 움직인다》에서는 베게너의 대륙이동설의 탄생, 죽음과 부활에 관한 내용을 정성적(定性的)으로 다루었고 이를 설명하기 위한 지구물리학적인 방법을 개략적으로 소개했다. 이 책에서는 양자(兩者)를 잘 조화시켜 정량적인 방법으로 얻은 자료를 체계 있게 설명했다는 데 역자로서 큰 보람을 느낀다. 벗겨진 해저의 신비, 새로운 지구관의 확립은 지구과학 분야에 있어서 금세기에 이룩한 보람된 일이라고 할 수 있다.

윌슨 교수는「현재의 지구과학은 하나의 대혁명을 맞이할 기운이 식은 것 같다. 지구과학의 현상은 코페르니쿠스나 갈릴레오의 이론이 받아들여지기 직전의 천문학, 원자·분자의 개념이 확립되기 전의 화학 및 양자역학 직전의 물리학, 그리고 진화론 전야의 생물학의 상태에 비유할 만하다. 이 각 분야의 혁명기 이전에는 모든 못은 네모나고 모든 구멍은 둥근 것처럼 생각되었다. 기성개념을 버리고 새로운 것을 도입함으로써 모든 불합리는 일시에 해소되었던 것이다. 지구과학에서 말하면 고정된 대륙이라는 낡고 오래된 권위를 버리고 움직이며 발전하는 지구라고 우리의 기본적인 태도를 고쳐야 할 때가 바로 지금이다.」라고 말했다.

가설과 진리는 반드시 일치하는 것은 아니다. 그러나 가설은 항상 진리에 가깝도록 유도되며 어떤 경우에는 진리라고 하는 종착점에 이르기도 한다. 변모된 대륙이동설을 아직까지 정설이라고는 할 수 없으나 지구에 관한 여러 가지 과학적인 문제점을 해석하는 관점에서 얻은 수많은 대양저지각에 관한 계량적인 자료는 진리라고 할 수 있다.

이제 인류는 본인이 살고 있는 지구의 참된 내용을 이해할 수 있는 시기가 온 것 같다. 그러나 지구의 진리를 완전히 밝히기도 전에 인류는 다른 고생물들처럼 종말을 고할지도 모른다. 우리는 모름지기 지구의 역사 속에서 인류가 이룩한 과학적 지식을 총동원하여 지구 속 깊이 파묻혀 감추어진 참된 지구의 내용을 밝혀야겠다. 그리고 우리는 지구 가족의 일원으로서 지구에 더욱 귀를 기울여야 할 것이다.

인류는 자기의 고장을 알지 못한 채 외계를 정복하려 한다. 이 책(초판)을 조판할 때 '바이킹 1호'의 화성 연착륙의 소식이 들려왔다. 그때 역자는 제주도에서 익산에 이르는 해상에서 하마터면 바다귀신이 되어 이 책의 출간도 보지 못할 뻔 했다. 해상에서 우리가 탄 '아리랑'호가 4,000t 급의 유조선과 한밤중에 충돌했기 때문이다. 아직 인간은 자연을 두려워하고 있다. 신비에 싸인 바다의 베일을 파헤친 이 책의 내용과는 매우 아이로니컬

한 사건이라고 하지 않을 수 없다.

역자로서 다시 한번 흐뭇한 마음을 갖게 하는 것은 우리나라의 젊은이들에게 과학적 지식을 일깨워주는 「현대과학신서」가 100호에 육박하고 있다는 것이다. 어려운 출판 사정을 무릅쓰고 이 책을 옮기도록 주선해 주신 전파과학사 사장님께 다시 한번 감사드립니다.

이 책을 읽어준 지구 가족 여러분께 감사드린다.

원종관